U0535170

我、脑子和
粉红色的咨询师

33篇心理咨询漫画，
教你停止和脑子的内在"战争"

毛毛毛 ● 著

中国妇女出版社

目录

第一次咨询
一名习惯性纠结者开始努力让自己不那么纠结　001

第一章　自我认同

只有满足他人，才能证明自己的价值吗
不必献出自己，你天生就有被爱的权利　008

承认吧，你就是很棒
摆脱低自尊和习惯性自我否定　017

要是能哭出来就好了
自我的感受也同样重要　022

其实我比自以为的更优秀
"冒名顶替综合征"　028

不漂亮有错吗
所谓的"美丽审判"，从根本上就是个陷阱　037

女人就应该……
别想用你浅薄的印象，困住这么丰富的我　045

"我就是这样的人"
探索自我不必"贴标签"　052

第二章　人际关系

今天也清新而自然地沉默吧
"死亡"开场　060

"尬聊"使我"社会性死亡"
只要我不尴尬，尴尬的就是别人　067

人与人的关心能衡量就好了
承认痛苦无法相通，也许是达成共识的第一步　074

忍不住生气，又不敢发火
健康的人际边界，并非一成不变的态度　082

妈妈，这是我对你的爱
或许养育者也不是完美的　089

相亲？要不算了吧
恋爱与婚姻，真是人生的必需品吗　096

没关系，我还好
坚强需要勇气，信任更需要　103

有些事，我还是没说出口
"安全可靠而包容"，是咨询合作得以延续的基础　111

第三章　情绪管理

凌晨3点，我还没睡着
无论这一天过得如何，它都可以结束了　118

压力一大，就想吃东西
应对情绪性进食的5个办法　127

鼓起勇气发了火，却并没有被尊重
不要让别人的反应来主导你的情绪　136

一吵架，就委屈得想哭
面对冲突，你可以拒绝成为受害者　143

克服焦虑，只需要做一件小事
用具体打败焦虑　149

敏感一点也没关系
"高敏感体质"的7条自我关爱指南　158

第四章　成长发展

不是必须填上所有坑才能前进
我们最终想要的是走得远而不是走得完美　172

逃避可耻但有用
"战略性逃跑"其实是为了更好地前进　179

抱歉，我不想努力了
按照自己的节奏认真生活吧　186

成为"不讲道理"的人后，我快乐多了
自洽的前提是，接受"复杂且变化中的自己"　193

停止我和脑子的内在"战争"
长期"精神内耗"，该如何放过自己　200

我焦虑，所以我拖延；我拖延，所以更焦虑
莽撞地开始也可以　209

"丧"也拥有独特的价值
防御性悲观：带好救生衣上船　216

所谓"坏事"，或许只是多了一层负面滤镜
自证预言：打破预先设置的"自我困境"　224

第五章　自我重构

一上班就浑身难受
感到"工作没意义",也许是变好的开始　234

"我的理想生活"真的理想吗
有了觉察,才可能打破循环　242

人生其实无意义
正因为如此,它的意义可以是万般样子　252

60分人生或许更广阔
一想到我的人生会有一万种可能性,我就精神百倍　265

后记　274

第一次咨询

一名习惯性纠结者开始努力让自己不那么纠结

第一次进行心理咨询是在某个工作日的上午,在赴约之前,我心里很纠结。

> 预约成功了。

> ……

这位是我的脑子,我们经常在心里进行对话,这次当然也不例外。

> 你终于决定去做心理咨询了啊。

> 是啊,我觉得这对我应该是有好处的。

这位就是我的脑子

我经常会因为一些事而想不开，陷入心理困扰，这是我想去咨询的原因。

你觉得通过咨询，我们的状态会变好吗？

会吧，毕竟这就是我去咨询的目的。

它有时候会问我（思考）一些非常尖锐的问题。

你这么说就有点……

你真的这么觉得？被人开导一下就茅塞顿开了？

好吧，我感觉到这个问题有点危险。那咨询时你要说什么呢？

大致地叙述一下自己的情况吧。

需不需要我帮你列个可能会提到的问题清单？

非常烦人。

啊?

你真的做好敞开心扉的准备了吗?

呃,也许不会一开始就敞开心扉,有个循序渐进的过程……

觉得这个咨询师足够可靠的时候吗?

可能吧。

我可没这么说……

搞得好像咱们有很多秘密似的。

不过即使是那些你无法说出口的事,说不定咨询师也会觉得稀松平常、见怪不怪了。毕竟人家是专业的。

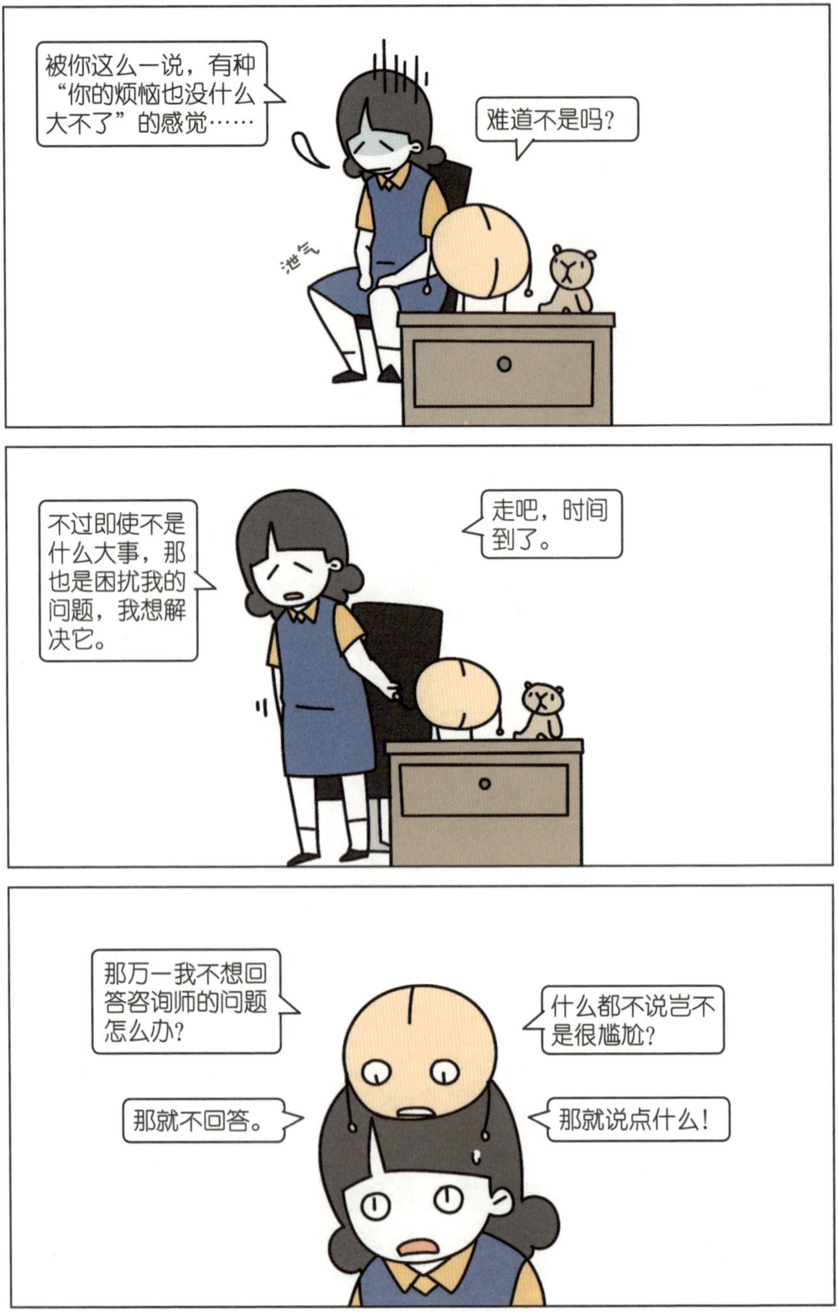
被你这么一说，有种“你的烦恼也没什么大不了”的感觉……
难道不是吗？
泄气
不过即使不是什么大事，那也是困扰我的问题，我想解决它。
走吧，时间到了。
那万一我不想回答咨询师的问题怎么办？
什么都不说岂不是很尴尬？
那就不回答。
那就说点什么！

不要逼我，我可是会"宕机"的。

你懂的

你真的很烦人……

大脑一片空白……

烦死了！

我在内心戏中度过了等待的时间，咨询那天，我的紧张程度已经堪比面试了。

你这算是自找不痛快吗？

我就是来解决不痛快的。

在这样忐忑的心情下,我开始了第一次心理咨询。

你好,我是预约来咨询的……

你好,进来坐。

咨询师→

咨询结束后。

并没有问什么难回答的问题。

第一章　自我认同

有"被讨厌"的勇气，
才能拥抱自由的人生。

只有满足他人，才能证明自己的价值吗

不必献出自己，你天生就有被爱的权利

不知道大家有没有这样的经历，下了班想赶紧回家，却被同事拉去"团建"，为了显得合群，只好应承下来。

想回家"撸"猫……

毛毛毛，出去吃饭呗！

被别人拜托做和自己工作有关的私事，也不好意思拒绝。

毛毛毛，顺手帮我画个头像吧？

不顺手啊……

领导布置了超出职责的工作，硬着头皮也要扛下来。

你把这份报告整理一下。

这不是我负责的项目……

努力满足大家期待，结果有时却事与愿违……

> 这个头像不太像我呀！

> 为什么聚会上不说话呢？

> 你这样处理是不行的。

> ……

这种时候就会委屈大爆发。

> 凭什么！

> 人间不值得！

又到了我心理咨询的时间。

> 看上去你为了不辜负大家的期望，做了很多努力，这些努力不被承认的话，确实挺委屈的。如果觉得是不合理的要求，你可以拒绝吗？

丧气

> 就是很难拒绝才会痛苦，因为辜负别人的期望让我有种罪恶感……

怎样的罪恶感?

拒绝或者没做好就会觉得自己很没用,心理上也没办法接受别人对我失望,于是总是不自觉地应承下来,最后不得不压榨自己……

横竖心里都不痛快。

你似乎希望自己令他人满意,可是有些时候别人提的是不切实际的期望或者过分的要求吧?

甚至有些人就是明摆着占便宜,这些也要满足吗?

成年人的世界都是互相试探的博弈。

当然,特别明显的占便宜我也会拒绝,但有时心里还是会想我是不是"不够大度""不够友好""太计较"之类的。

在我看来,可能尽量满足他人的要求是一种证明自我价值的方式吧。

而且有时我无法判断对方的要求过不过分,总是后知后觉。

够卑微的。

好像你的价值只有经过别人"盖章"认定后才能生效。

哇,被认可了,好高兴!

还挺形象的。

大概就是这个意思吧。而且我们小时候不是经常被教育,不能平白无故觉得自己了不起吗?所以他人的认可很重要。

但是承认自我价值和自认为了不起是不一样的。

只是在努力证明自己有价值。

明明对方提出的是过分或者越界的要求，你却仍然考虑如何成全别人；把别人的优先级排在自己之前，甚至牺牲自己来满足别人的要求……感觉这不仅是想要被认可，简直称得上“圣人”了。
这不是爱，是自虐
我怎么觉得你在骂我。
我觉得自己不是“圣人”，
“圣人”会为自己的“牺牲”而感到满足，我没那么高尚，我觉得很委屈。
委屈，但不敢说。
把自己的“牺牲”作为“祭品”，以此来换取别人的认可，证明自己的价值。
这是我很努力、很拼命做好的东西，快表扬我吧……
你自己也有察觉。

真奇怪,我明明很反感那种"圣人"的说法,但也觉得自己确实总那么做。可笑,我到底要怎样啊!

我只想被人夸奖而已!

有些时候并不是自己想成为"圣人",而是有太多"不得不做某些事"的规则,比如,小时候必须做个好孩子,长大必须做个好同事、好员工……

这种想法也许在小时候就养成了,只不过你没有注意过,认为它就是你的行为准则。

小时候啊……

小时候,成为一个听话的孩子是一项"硬性规定"。只有满足长辈的要求,才会被夸赞。

听到最多的表扬是"听话"和"乖"。

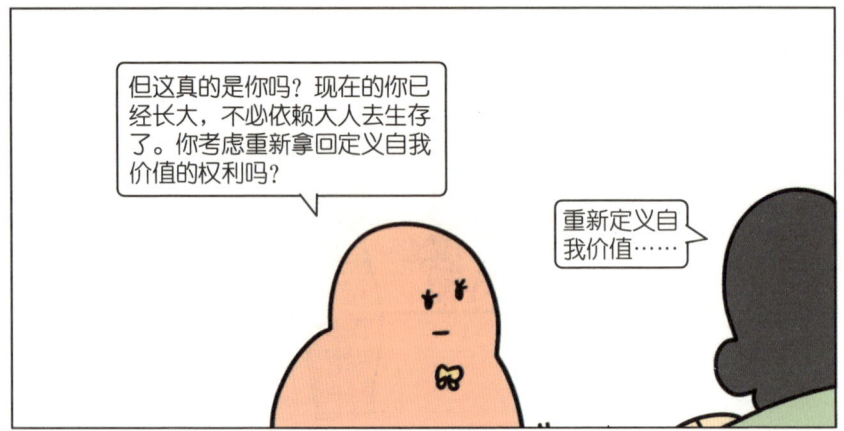

而如果做出违背长辈意愿的事,就会被冷落或责备。

"我不想看了……"

"妈妈……"

"小时候你觉得,只有让别人满意,才能让他们开心,认可你的价值,你才可以得到他们的关爱。"

"渐渐地,这种相处方式被"泛化"。为了获得他人认同,你需要通过不断做事来证明自己有价值。"

"被训练出的价值观……"

"但这真的是你吗?现在的你已经长大,不必依赖大人去生存了。你考虑重新拿回定义自我价值的权利吗?"

"重新定义自我价值……"

我总是觉得不公平，觉得委屈，觉得别人看不到我做出的"牺牲"，甚至抱怨别人对我太苛刻，我却从来没有想过我一直认定的规则是否正确。

你为什么不要？

也许我可以不被"牺牲"……即使拒绝也不代表我不是一个好人。

真的有必要吗？

他人的认同也并非我全部的价值。而最重要的是，我应该告诉自己……

我真的需要这张证书吗？

告诉心中那个小小的我：不必献出"祭品"，你也拥有被关爱的权利。

也许这才是打破
规则的关键吧。

我不。

承认吧，你就是很棒

摆脱低自尊和习惯性自我否定

最近我把画漫画的事告诉了咨询师，

这是我的漫画……

获得了她的夸奖，

哇，很厉害！

并不厉害，只是随便画画而已。

不过我并没有感到很开心。

评论的反响不错啊，阅读量也可以。

评论是被筛选过的，阅读量是因为平台。

但我真的觉得挺棒的。

以我作为读者来说

隔行如隔山而已。

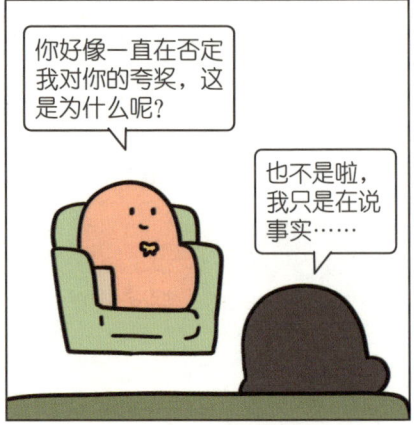

…… …… 糟了。	你好像一直在否定我对你的夸奖,这是为什么呢? 也不是啦,我只是在说事实……
不过我确实很"在意"别人的夸奖。 今天穿得很漂亮。 只是起早了。	你真聪明。 运气好而已。 做得不错。 马上就不行了。
确实…… 你可真让人扫兴……	那受到夸奖的时候,你是什么感觉?

刚听到的瞬间有点开心,但马上会觉得恐慌……

会思考自己是否配得上这样的夸奖。

因为从客观上来说,自己总有做得不好的地方。

想到自己还有这么多问题,夸奖就不那么真实了。

按照你的标准,只有做到完美才有资格被夸奖吗?

呃……

我知道不可能做到完美,但是……

仍然无法接受自己明明错误百出,却被夸奖这件事。

在自我认知中,我是一个经常犯错的人。即使现在没有失败的事,将来也说不定会出现问题。就算有值得被肯定的事出现,也只不过是微不足道的瞬间,不值得谈起。

渐渐地，我习惯被责备和否定，这变成稳固自我认知的一部分……

而那些夸奖和肯定，反而变成否定自我了。

你要干吗？

所以和肯定相比，你更熟悉否定，这能给你带来某种稳定感。

点头

但获得夸奖的时候，你也不能否认有那么一瞬间，你是开心的，只不过后来强制自己不要开心。

但开心是不真实的……

如果否定和错误才是你的真实，难道你就只能永远被责备才安心吗？

我不想永远被否定……

你说无法接受有错误却被夸奖，但我觉得即使只有1%是正确的，那这1%也值得被肯定。只有一瞬间的开心，也是你真实的感受。

1%和一瞬间……

我知道那些否定和责备是我痛苦的根源之一。

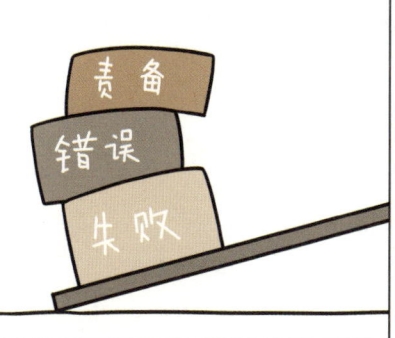

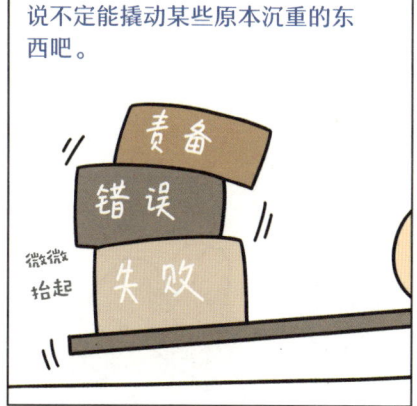

它们是如此沉重和稳定，令我无意识地滑向那一端，而另一端却显得那么微不足道……

但如果我能再挣扎一下……

承认那微小的存在……

说不定能撬动某些原本沉重的东西吧。

不过，在某些方面你真的很擅长否定自己！

这是夸奖吗？来让我想想如何否定你肯定我总是否定自己的这句话。

要是能哭出来就好了

自我的感受也同样重要

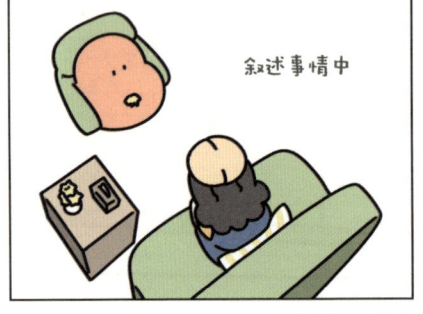

最近，我发现咨询师经常问我一个问题。

叙述事情中

当我讲完一件事，她经常会问我：

对这件事你有什么感受呢？

啊？这个嘛，感到很痛苦……

问的次数多了，甚至有点令人生气。

是什么样的痛苦，可以具体说说吗？

痛苦就是痛苦，当然是感觉不开心，如果感觉开心的话，为什么还要来咨询！

……又来了。

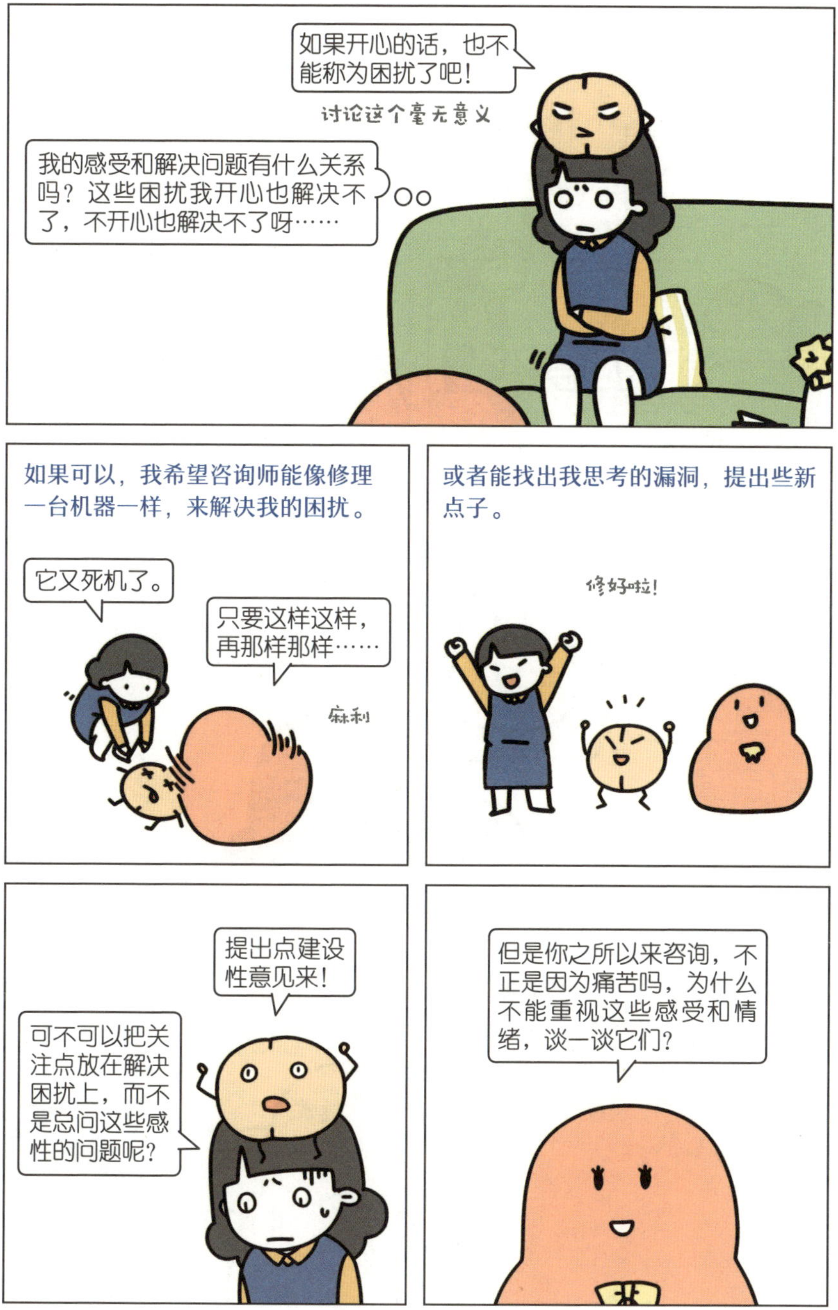
如果开心的话，也不能称为困扰了吧！
讨论这个毫无意义
我的感受和解决问题有什么关系吗？这些困扰我开心也解决不了，不开心也解决不了呀……
如果可以，我希望咨询师能像修理一台机器一样，来解决我的困扰。
它又死机了。
只要这样这样，再那样那样……
麻利
或者能找出我思考的漏洞，提出些新点子。
修好啦！
提出点建设性意见来！
可不可以把关注点放在解决困扰上，而不是总问这些感性的问题呢？
但是你之所以来咨询，不正是因为痛苦吗，为什么不能重视这些感受和情绪，谈一谈它们？

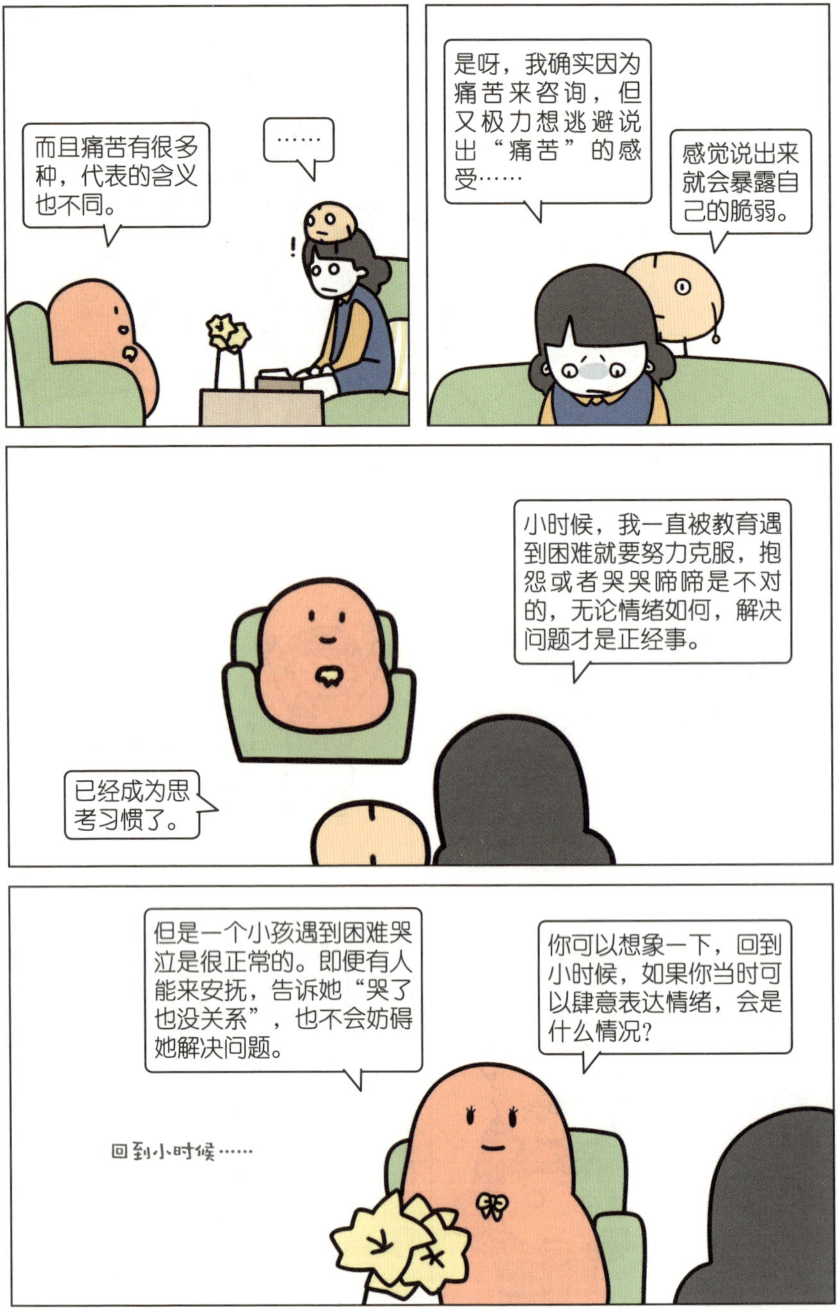

而且痛苦有很多种，代表的含义也不同。
……
是呀，我确实因为痛苦来咨询，但又极力想逃避说出“痛苦”的感受……
感觉说出来就会暴露自己的脆弱。
小时候，我一直被教育遇到困难就要努力克服，抱怨或者哭哭啼啼是不对的，无论情绪如何，解决问题才是正经事。
已经成为思考习惯了。
但是一个小孩遇到困难哭泣是很正常的。即便有人能来安抚，告诉她“哭了也没关系”，也不会妨碍她解决问题。
你可以想象一下，回到小时候，如果你当时可以肆意表达情绪，会是什么情况？
回到小时候……

想象一下，当我摔了一跤…… 啊！	我哭一下也没问题…… 一定摔疼了吧，真可怜呀！ 呜呜呜
还是…… 不许哭！勇敢一点，自己爬起来！ ……	虽然我现在不是小孩了，但如果我有选择的话，还是希望能够有人体谅我摔疼了…… 但我不敢把这种情绪表露出来 哇哇哇！

希望有人能体谅你的感受，不代表你软弱；表达痛苦，也不代表你自己站不起来呀。

如果有人安慰我，自己站起来后也许会感到更有信心吧。

这些关于感受的问题就像把我带回过去，重新体会有一个能够看到我的情绪、可靠的人的存在……

也许这正是我问题的所在——当我压抑情绪和感受的时候，

它越会不受控制地出现。

也许只有真正看到它，

> 我知道你很痛苦……

才能更为清晰地了解情绪背后的东西吧。

你有什么感受?

其实我比自以为的更优秀

"冒名顶替综合征"

前两天,我和另一名同事被安排一起汇报提案。

完蛋了。

年度优秀员工

同事口若悬河,幻灯片闪闪发光。而我在台下如坐针毡。

太、太闪亮了!

这游刃有余的松弛感就是优秀的魅力吗?

轮到我的时候。

接——接——接——下来我介绍一个新的思路……

你要讲的大家都知道哦。

别胡思乱想了！

汇报结束后。

和他相比你真是一无是处，只能衬托出差距。

毛毛毛。

← 领导

啊？

虽然你刚刚讲得太紧张，但方案思路不错，再完善一下，继续推进吧。

对于领导的肯定，那一刻我的想法只有：

您可拉倒吧！

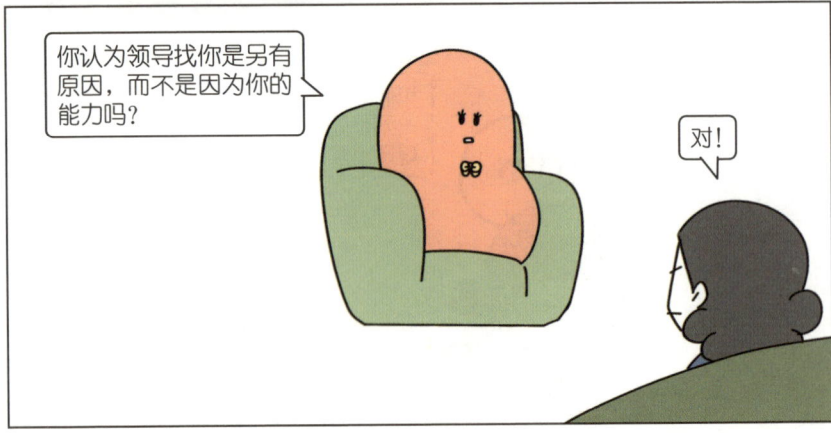

咨询时间。

真不知道领导脑子哪根弦搭错了，放着那么闪闪发光的同事不用来找我。

难道他有什么阴谋要坑我！

你认为领导找你是另有原因，而不是因为你的能力吗？

对！

即使同事很出色，但或许在领导眼里你也不错，这并不矛盾。

不可能不可能不可能！

为什么这么肯定呢？

因为这次我只是运气好，踩中了领导的点而已。

巧合罢了。

你把它归咎为自己的运气，而非自己的实力。

真让我推进的话，我肯定会出岔子。

然后辜负人家的期望，那多无地自容啊！

你好像已经给自己设定好了失败的结果。

唉，这就是事实。

而且似乎当别人称赞你时，你觉得自己配不上这种称赞。
考虑到自己的“真面目”，你不敢接受更有挑战性的工作和更高的位置。
对，我被高估了，实际上我没他们说得那么好。
听上去像是一种“冒名顶替综合征”——因为他人的不知情，你冒名顶替了更优秀的人。
没错没错，就是这种感觉！
因为我不配，所以别人认为我优秀时，我感到诚惶诚恐，心虚又愧疚。
觉得自己不配，这种感觉令你很难过吧……

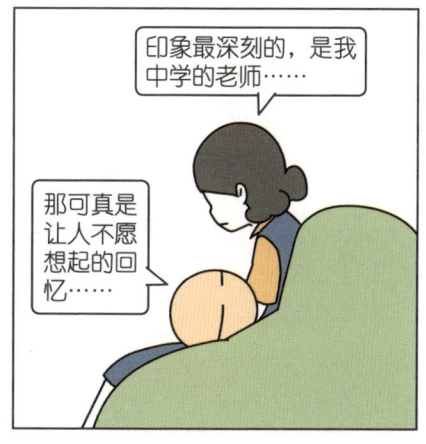

难过……是啊，仿佛自己不配得到拥有的一切。谢谢你理解我。

不甘心但又无能为力！

接下来，我想问一个可能会让你不舒服的问题，可以吗？

可以，是什么？

请你尽力想一下，记忆中最早的那句"你不配"，是谁告诉你的？

印象最深刻的，是我中学的老师……

那可真是让人不愿想起的回忆……

那时生物刚开课，我非常喜欢，下决心好好学。

长大我想去研究大自然！

于是在第一次生物考试中，我铆足劲儿拿了不错的成绩。

理科第一次考这么好，我的努力没有白费！

033

老师却找到我…… 毛毛毛，根据你平时的成绩，我有点怀疑你这次考试的真实性。	当时我觉得一盆冷水浇到了头上。 我，我没有……

从那以后我对生物课就失去了兴趣，也如老师所说，再也没有考过好成绩。

老师觉得我作弊了，我不该得到这样的成绩。

你现在如何看待这件往事呢？

我现在知道是那个老师有问题，我为自己不值。但是我现在好像又像那个老师一样对待自己，有点自虐……

不公正的评价变成了自言自语……

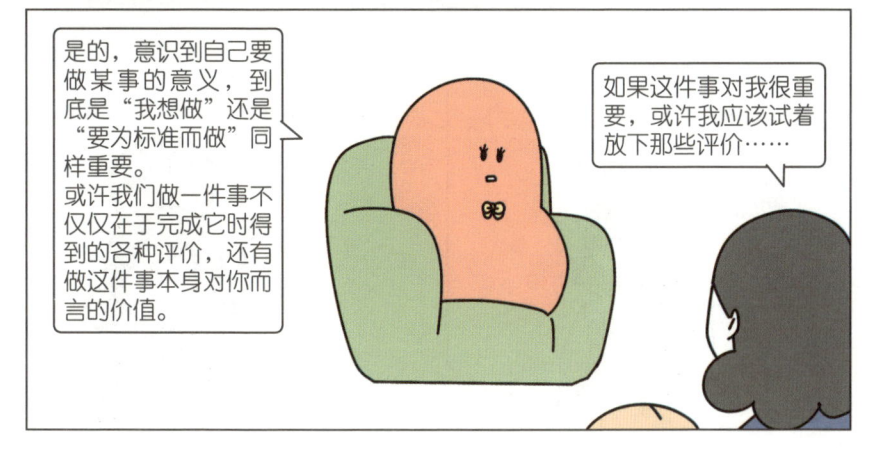

但这已经成为我的惯性思维了,我该如何面对这种自我怀疑呢?

除了刚刚所说的"剥离他者的评价",我还想问,当领导肯定你的提案时,除了惶恐,你还有其他感觉吗?

嗯……开心?虽然只有一瞬间,但毕竟是自己的心血,其实也想试试。

是的,意识到自己要做某事的意义,到底是"我想做"还是"要为标准而做"同样重要。
或许我们做一件事不仅仅在于完成它时得到的各种评价,还有做这件事本身对你而言的价值。

如果这件事对我很重要,或许我应该试着放下那些评价……

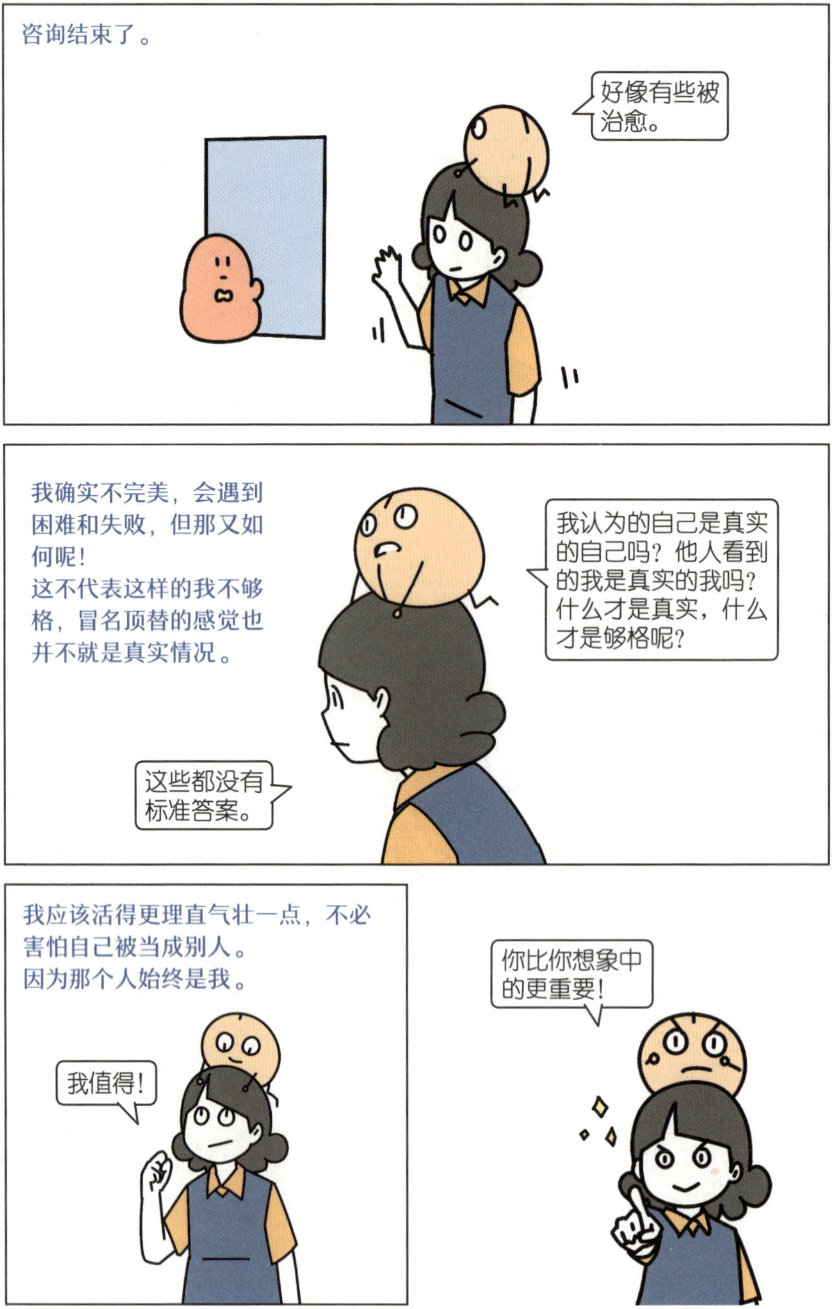

咨询结束了。

好像有些被治愈。

我确实不完美，会遇到困难和失败，但那又如何呢！
这不代表这样的我不够格，冒名顶替的感觉也并不就是真实情况。

我认为的自己是真实的自己吗？他人看到的我是真实的我吗？什么才是真实，什么才是够格呢？

这些都没有标准答案。

我应该活得更理直气壮一点，不必害怕自己被当成别人。
因为那个人始终是我。

我值得！

你比你想象中的更重要！

不漂亮有错吗

所谓的"美丽审判",从根本上就是个陷阱

作为一个天生不漂亮的人,我觉得自己总是有些额外的"压力"。

排队买奶茶

美女是来逛街的吗?喝杯奶茶休息一下。你是学生吗?我给你折扣哦。

哆里吧嗦

20元。

谢谢。

嘀

微妙哦？

……

嘬

你还记得小时候的事情吗？

上学时，班上的女生会被某些人按照颜值评分，分成三六九等。

不及格组

优秀组

存在感太低，经常无意间被忽略。

辅导老师→

他估计把你忘了。

也会有些奇怪的声音。

毛毛毛，女生化妆是对他人的尊重，你也收拾收拾。

你咋不化？

啊？

一个性格内向加不漂亮的人，等于十足的"小透明"哇。

那你会羡慕美人吗？

说不羡慕是骗人的。不过与其说是羡慕，不如说想被更公平地对待。

以貌取人真讨厌。

虽然爱美之心人皆有之，可颜值真的那么重要吗？
如果我没有"美丽天赋"，或者我想像其他人一样，把精力放在"美丽"以外的事上，不行吗？

是否"美丽"总是评价女性的重要标准？就连夸奖也总围绕这个主题。

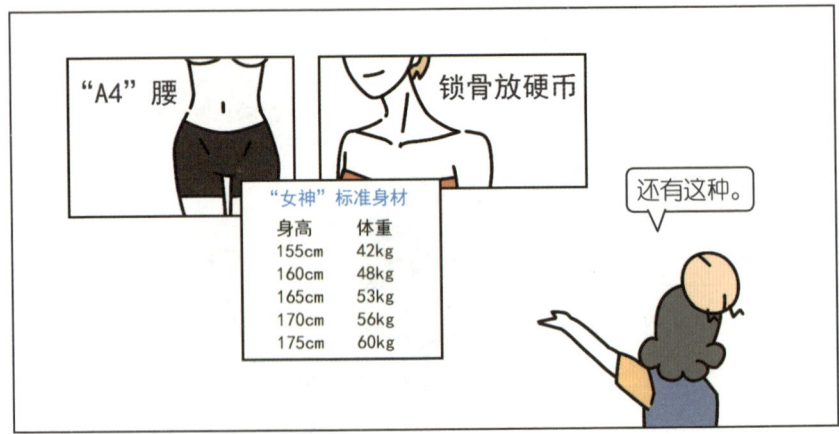

丑似乎总在阻碍我获得幸福，不漂亮的人，就不值得被爱吗？

毕竟这个世界上充满了"美丽审判"。

"禁止难看！"如果天生容貌不佳，就必须想办法弥补，否则就是你的错。

是懒惰，是错误，是不上进。

只有懒女人，没有丑女人。

比如这种。

"A4"腰　　锁骨放硬币

"女神"标准身材

身高	体重
155cm	42kg
160cm	48kg
165cm	53kg
170cm	56kg
175cm	60kg

还有这种。

041

虽然作为普通人,你没有资本共情明星,但也不得不说,就连美女也逃不过"美丽审判"。

连×××都不美了,心情复杂。

想想那些对美人的恶语,"红颜祸水""残花败柳""狐狸精""胸大无脑"……长得美也会被扣帽子。

作为被审判的对象,你无权决定自己被扣上什么帽子,就连被侵害时,容貌都成了罪过呢。

太难了吧!不仅要对抗基因,还要对抗地心引力,要恰到好处,还不能留下把柄。要购买产品,还要背上骂名,无论你做什么都有不足的地方。就算再美都躲不过——"你看她这么美,却要过期了"。

甚至还有双重标准,不美和太美都不行。

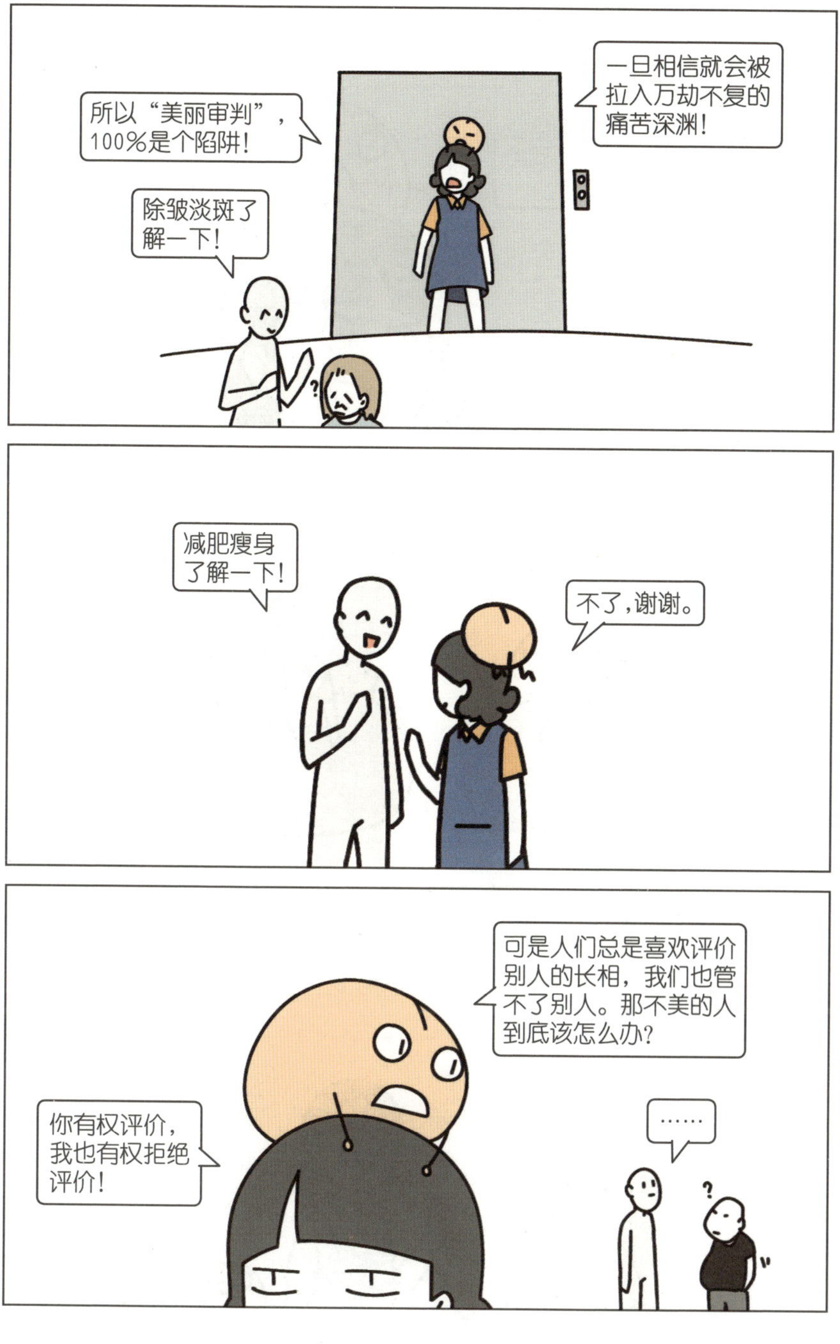
所以“美丽审判”，100%是个陷阱！
一旦相信就会被拉入万劫不复的痛苦深渊！
除皱淡斑了解一下！
?
减肥瘦身了解一下！
不了，谢谢。
可是人们总是喜欢评价别人的长相，我们也管不了别人。那不美的人到底该怎么办？
你有权评价，我也有权拒绝评价！
……
?

> 颜值不是通往幸福的唯一途径，我不需要经过他人对我外貌的审判，才能拥有自我价值。颜值重不重要，我自己说了算。

> 就是这样！

> 我今天自己想通了一件事。

> 是什么？

> 我管别人喜欢什么！

> 不过并不是说外表对人不重要，外表是认识他人并留下印象的重要依据。保持健康整洁，认真呵护自己也是对自己的尊重，但不应将外表作为评价自己和他人的唯一标准，更不要被商业运作所影响。保持独立思考，审美是多元的，尊重自己，尊重他人。

> 没错！

女人就应该……

别想用你浅薄的印象，困住这么丰富的我

起因是我开车倒了好几把都停不到车位里。

女司机都这样，慢慢来。

倒车请注意——

朋友的话听上去是安慰，我心里却觉得不好受。

别介意，哈哈。

我很介意。

明明只是我不熟练和车位太小，干吗扯上我的性别？

想一想这样的事还有很多。

"女生就是方向感不好。"

"我方向感好着呢!"

比如,在公司,有些项目会拒绝女性参与。

"毛毛毛,这个项目有出差和外出考察,环境艰苦,女生不太方便,你就别参与了。"

"哪里不方便?"

"我不怕辛苦……"

但也会有一些"女性限定"的工作。

"毛毛毛,年底的商务年会你们女生出个节目,活跃下气氛吧。"

"我是气氛组?"

"这种我不方便。"

我感到很纠结，所谓"善意的性别标签"，仿佛把我束缚在一个狭窄的盒子里。

这是哪儿，我是谁？

不管我擅长什么，不擅长什么，经常被解释为男女有别。我该正视自己的性别优势和局限吗？

我对这些"优势"和"局限"的真实性存疑。

当被评价这两种状态（优势和局限）时，你是什么感觉？

我感觉自己被困住了。就以开车为例，即使我停车不熟练，但那仅仅是我个人的问题，而且我觉得不熟练也是暂时的。
我不想在追求某种能力时被我的性别所困，也不觉得自己可以代表别的女性。

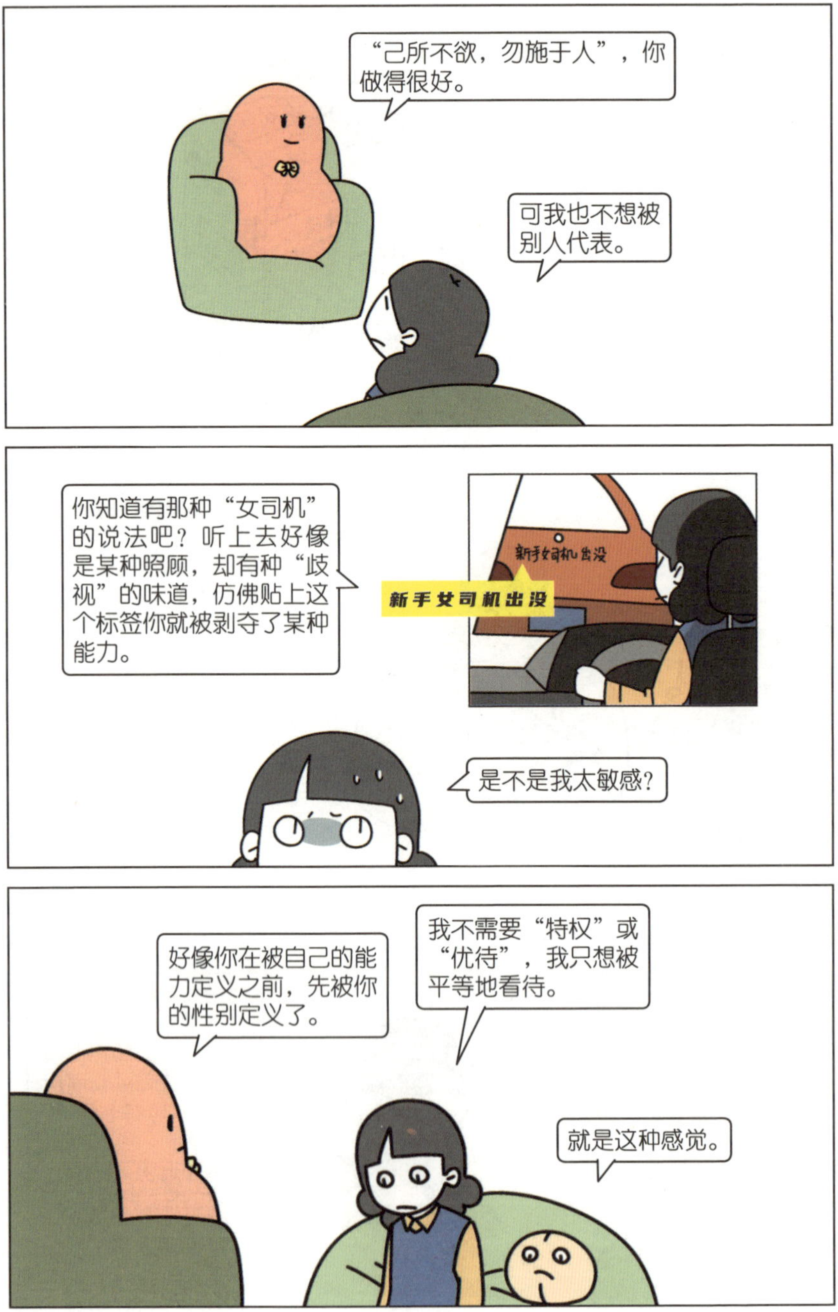
“己所不欲，勿施于人”，你做得很好。
可我也不想被别人代表。
你知道有那种“女司机”的说法吧？听上去好像是某种照顾，却有种“歧视”的味道，仿佛贴上这个标签你就被剥夺了某种能力。
新手女司机出没
是不是我太敏感？
好像你在被自己的能力定义之前，先被你的性别定义了。
我不需要“特权”或“优待”，我只想被平等地看待。
就是这种感觉。

比如，上学的时候，有人说"女生现在成绩好，但男生'后劲足'"。而且女性工作后有能力又会被质疑，比如，公司里的茶水间也常常流传出"某女性靠睡上位"的猜测，但男性就没有。难道女性不能正常地拥有这些能力吗？

头发长见识短
女博士
妇人之仁
最毒妇人心
女汉子
狐狸精

太聪明不行，不聪明也不行；
太漂亮不行，不漂亮也不行；
柔弱不行，强壮也不行；
强势不行，软弱也不行；
这样的例子我能举无数个。

我觉得身为女性，好像有些事不擅长不行，太擅长也不行。

所以我想知道，女性到底要做到什么程度才合适？

我不甘心！

啊，多愁善感是不是也是"女性的局限"？

049

我想"多愁善感"并不是一个应该被局限在性别里的形容词。

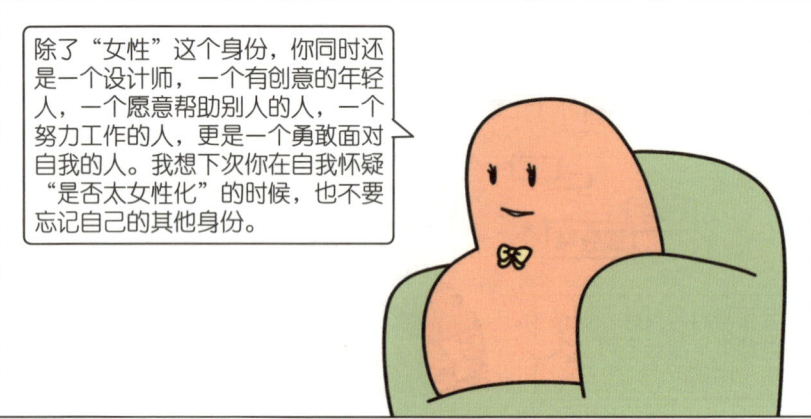

除了"女性"这个身份,你同时还是一个设计师,一个有创意的年轻人,一个愿意帮助别人的人,一个努力工作的人,更是一个勇敢面对自我的人。我想下次你在自我怀疑"是否太女性化"的时候,也不要忘记自己的其他身份。

那些不被性别定义的身份?

是的。

那些"女性都会犯的错误",也许还存在社会文化赋予的限制。想打破这种"被局限"的束缚,需要更加看清自己想成为什么样的人,而不是别人希望你成为什么样的人,但这需要智慧,更需要勇气。

这也是社会中每个人都要面临的问题,无论男女。

和做到"合适的程度"相比,我更想做到"我想做到的程度"。

我想用"自我"去奔跑。

华夏大地降生的毛毛毛,
家用汽车的合法驾驶人,
共享单车的竞速选手,
心思细腻的探索者,
自然科学的坚定信徒,
恐怖片与科幻片的忠实粉丝,
厨房中的"灾难"制造者,
手工达人。

正是在下!

"我就是这样的人"

探索自我不必"贴标签"

最近我买了一个新包包,

我来了。

哈喽。

是一个上面印有"生人勿近"的帆布袋,我很喜欢这个袋子,到哪里都背着它。

这个袋子以前没见过,是新买的吗?

对呀,有趣吧。

上面写着"生人勿近",有什么特别的含义吗?

含义啊……

我还有"社恐"T恤和"保持距离"帽子哦

这个形容特别像我吧,害怕陌生人。

警告陌生人不要靠近我!

有种拒绝的意味,也许真的有人想向你搭话,看到袋子就犹豫了。

那就是我想要的效果呀。

虽然我也知道这不是什么"好词",但我就是这样,说出来反而有种安心感。

所谓"接受有瑕疵的自己",对吧。

可以说说这种"安心感"吗?

这个嘛……

记得小时候我看过一部电影,里面有个特别胖的女孩,她在自我介绍的时候都称自己"胖艾米"。

嗨,我叫胖艾米。

你好,艾米。

不对,是"胖"艾米哦!

她觉得如果自己先叫了,那别人就不能再嘲笑她胖了。

?

因为你们肯定会偷偷嘲笑我的身材,与其被你们嘲笑,不如我自己先承认,我不介意你们叫我"胖艾米"哦。

与其被人发现我不善言辞，不如先承认自己是"社恐"；与其被人评论性格孤僻，不如先说自己性格古怪。

……虽然艾米表现得比较夸张，但我很赞同她的观点。

我先自"曝"，就没人能"曝"我了。

所以其实你并不喜欢自己身上的这些特质，而且不太希望被别人揭露出来？

就像艾米其实也介意被别人嘲笑身材

不过我不介意自己说出来，只是不想被别人说出来。所谓"安心感"就是指这个吧。

我自己先把问题暴露出来反而踏实了。

先发制人。

感觉你对别人还是有些戒备？这样的“自我暴露”像是某种心理避风港，但又感觉有点悲伤。
因为你并不喜欢这些特质，也承认那些不是“好词”，像是“我先伤害了自己，你们就不能伤害我了”。

是这样的吗？
悲伤？

戒备我承认，不过你是第一个觉得我悲伤的人。
我以前从没这么想过……我只觉得这些是自嘲，能化解一下尴尬，或者传达给别人某种底线：我就是这样的人，你不要对我有什么期待。
随便抱有期待是会失望的。

我明白你的感受……虽然自嘲一下没有问题,但是向别人传达"我就是这样的人"的同时,也在暗示自己"我就是这样的人",是否把自己也限制在这些标签里了呢?

你真是这样的人吗?

而且你介意被别人发现的这些特质,或许并不真的是什么不好的问题……也许在有些人眼里,这些反而是你身上的特别之处,会被它吸引呢。

这我倒是没想过。

一直以来我都挺喜欢给自己贴上各种"标签",我觉得这些都只是释放压力的自娱自乐,不必上纲上线。

我贴

奇葩　内向　吃货　社恐　毒舌

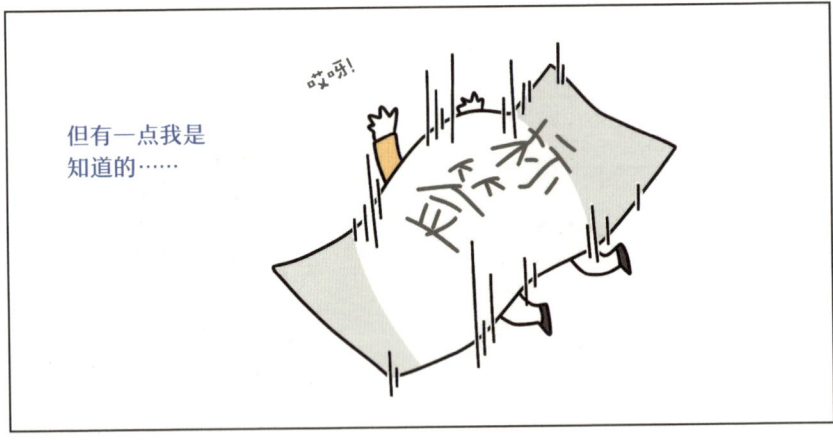

飘落

但从没想过这些"标签"对我自己的影响。

哎呀!

但有一点我是知道的……

那就是：我究竟是怎样的人，是无法被几个"标签"就限制住的。

站起

不过我真的很喜欢这个袋子就是了。

生人勿近

第二章　人际关系

真正强大的人绝不是什么精于算计的人，而是既能坦然面对自己，也能对人报以善意的人。

今天也清新而自然地沉默吧

"死亡"开场

我进行心理咨询已经有几次了，对谈话模式也逐渐熟悉起来。但是有一件事一直困扰着我，让我对咨询这件事有点难以面对。

我来啦。

你好，进来坐。

一件说大不大、说小不小的事。

那我们开始吧。

哦……

……

……

……

……

扭捏

……

在她等着我开口说话的时刻,我痛苦的回忆被唤起了。

……

我想起小时候……

来给大家表演一下你新学的舞蹈吧。

!!

上学的时候……

> 你上来把这道题做一下。

工作的时候……

> 你来介绍一下这个方案。

我将这种期待我主动开始前的沉默称为——

"死亡"开场

嘻嘻嘻……　快说呀……
来表演啊　说出你的想法　介绍方案
　　　上来做题　　　说呀说呀……

> 醒醒，你之前列的话题清单呢!

啪

> 一个也想不起来了！

这时我就会慌乱地随便找个话题开始……

> 呃，最近遇到了一件事……

> ……

> 说说看。

062

但是当谈话进入正题后,这种尴尬和焦虑又会消失,50分钟的咨询时间一下子就过去了。

时间差不多了,今天就到这里吧。

已经到时间了啊。

明明开始的时候那么扭捏,一旦聊起来又变得很能说。

后来我把这个想法告诉了咨询师。

我觉得开始时等待我来开口的阶段太尴尬了。

为什么呢?

嘿哟 快走吧

这段尴尬的沉默期,好像在暗示我"快说呀,快说呀",有种"我拉个小车,你坐在后面驱使我快往前跑"的感觉。

虽然我也知道是自己主动寻求帮助的,我必须说些什么……

主动开始会让你感到压力吗?
我觉得你并不是有意给我压力，但我确实感觉到了压力。
可以确切地讲讲是什么压力吗?
呃……比如怕讲不好?
像考试一样。
这里是没有标准的。
……如果我不开口，难道大眼瞪小眼50分钟?
不行!
钱都交了
也不是不行。

……没办法一下子讲到点上？
是什么点呢？
我的真实感受……
好像也不对
还不够真实吗？
比如由你先开始……
我不想听说教哦。
你希望我说些什么呢？
自己都不能说服自己
所以你的这些担心真的合理吗？
……
无言以对
虽然咨询师让我了解到我的担心其实并没必要，但我仍然抱着些许疑惑……
也许下次我们能谈谈你的压力。
好啊。

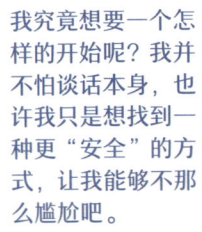

我究竟想要一个怎样的开始呢？我并不怕谈话本身，也许我只是想找到一种更"安全"的方式，让我能够不那么尴尬吧。

原来我那么在意"安全感"呀……

可是你自己不知道怎么开始，却期望别人能够符合你的意志替你开口，这样也不对吧。

我是这样想的吗？

唉，好难呀

虽然我在开始的时候仍然会感到尴尬，我还没有找到那种"最佳"的方式，不过在没有找到彻底的解决方法前，也许慢慢适应也是一种方式吧。

谈话的安全氛围对我来说很重要……

怎样的氛围会让你感到更安全呢？

我就是"社恐"嘛。

"尬聊"使我"社会性死亡"

只要我不尴尬,尴尬的就是别人

又到了我咨询的时间。

我刚刚在地铁上遇到了大学同学,毕业后就没有联系过。然后我们聊了一会儿。

聊得怎么样?

不怎么样,已经聊不到一起去了,最后陷入了尴尬的沉默,我满脑子想的都是怎么还不到站。

最怕空气突然安静。

直到下车也没有留联系方式,估计以后也不会再见了。

你会觉得惋惜吗?

你还想联系?

为什么会愧疚呢?

谈不上惋惜,也不是关系特别近的同学,但是让我在意的是无话可说导致的尴尬和愧疚。

那可真是煎熬。

对方的话题我没有兴趣或者不了解时,就只能"哦哦"回复或者傻笑,感觉自己很敷衍,所以愧疚。

长篇大论　???

但其实真的是不知道怎么接话。

但如果我说了很多,对方只是"嗯嗯哦"地回复我,我也会很尴尬、很在意。

滔滔不绝　……

如果感觉对方不太上心,就不想再继续聊了。

更糟的是,我还担心哪句话说错,让人不高兴。总之三句话聊不到一起,我就想拔腿逃跑。

你要是逃不掉,我就只好先下线了。

一定要聊下去吗?

其实作为"社恐",不聊就不聊了,但是如果碰上工作方面的事情,那才叫痛苦,毕竟有时候不得不"尬聊"啊。

比如会议中途的休息时间或者应酬……总不能和客户大眼瞪小眼,所以只能勉强自己"健谈",有时说得驴唇不对马嘴,感觉精神超级疲惫。

商务闲聊简直是"社恐"噩梦!

别说了,唤起了我的PTSD(创伤后应激障碍)……

所以你很怕"尬聊",有时候又不得不"尬聊",这让你很痛苦,而且你好像也很在意别人的反应,怕自己说得不好。

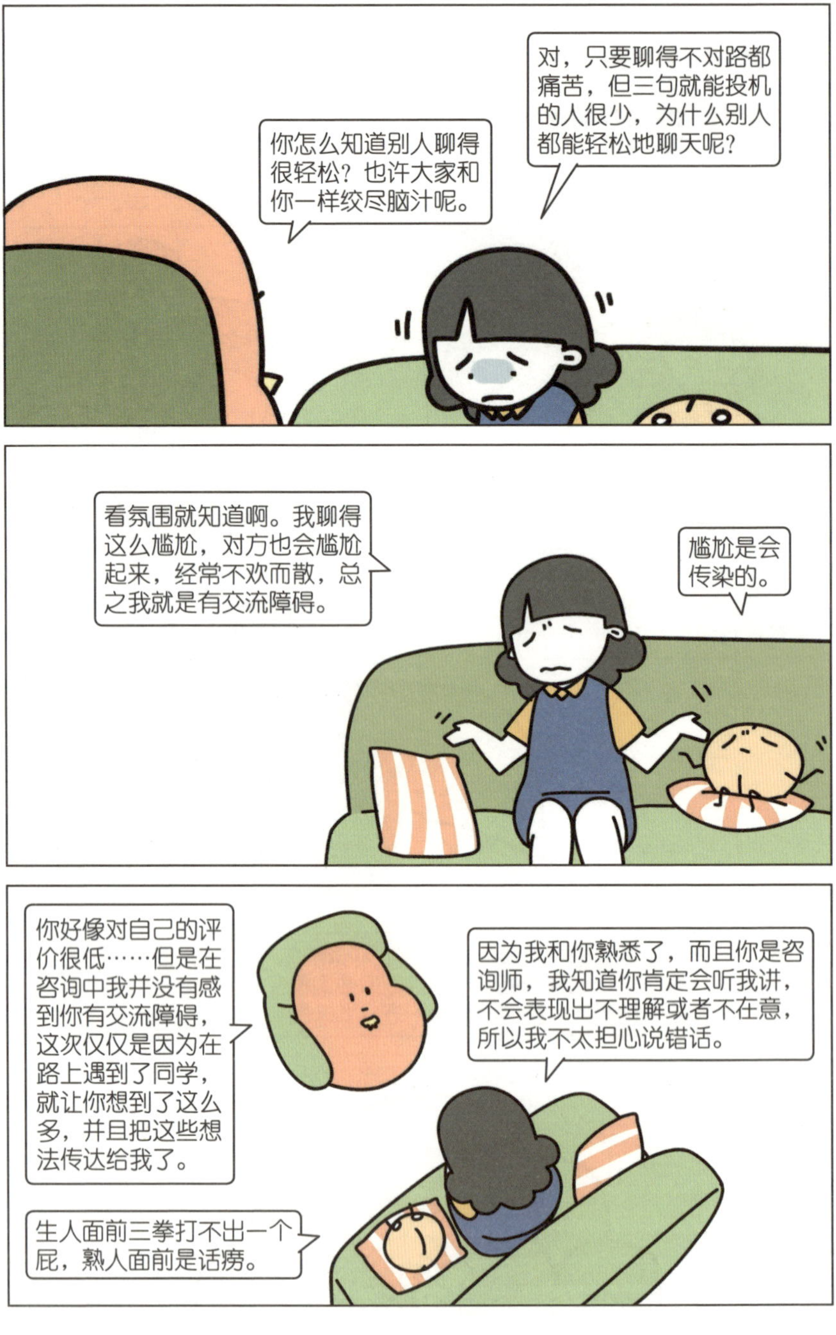
对，只要聊得不对路都痛苦，但三句就能投机的人很少，为什么别人都能轻松地聊天呢？
你怎么知道别人聊得很轻松？也许大家和你一样绞尽脑汁呢。
看氛围就知道啊。我聊得这么尴尬，对方也会尴尬起来，经常不欢而散，总之我就是有交流障碍。
尴尬是会传染的。
你好像对自己的评价很低……但是在咨询中我并没有感到你有交流障碍，这次仅仅是因为在路上遇到了同学，就让你想到了这么多，并且把这些想法传达给我了。
因为我和你熟悉了，而且你是咨询师，我知道你肯定会听我讲，不会表现出不理解或者不在意，所以我不太担心说错话。
生人面前三拳打不出一个屁，熟人面前是话痨。

也就是说,只有谈话关系让你觉得足够安全时,你才能不紧张,轻松地说话。我想起咱们刚开始咨询的时候,你也是因为不知道怎么开始而紧张。

对,紧张让我更没法开口,放松才能思维活跃,但别人不会都像你一样以我为中心,而且我们也是谈了很多次才建立起信任关系。

据我观察,大家都喜欢以自己为中心。

所以你一直在观察对方(包括我)的反应,见机行事,一旦对方让你感到不安,你就会戒备起来吗?

是的,哪怕对方显露出一丝的冷漠,我就不想说了。

但是你怎么知道你所认为的对方的反应,就是对方真实的想法呢?也许对方也是个不擅长表达的人,他其实认真在听,或者他就习惯"哦哦"地答话。

我并不知道,也只是从观察到的蛛丝马迹中推断,如果看错那只能很遗憾了,所以我也很难建立关系⋯⋯

是个用高冷来掩饰交流障碍的家伙。

感觉你的交流，不仅是为了传达信息，还期待能获得充分的关注，或至少是你认为足够的关注，而自己对别人的回应也有标准，达不到的话你也会觉得伤害了对方。

态度很重要，交流是双方面的，有来有往才算交流。

态度是挺重要。但你说向往的"轻松聊天"，一定也不是无休止地猜测彼此的态度吧，那就很不自由了。

是的，但不管对方的反应，不就是自说自话了吗？

并不是不管对方的反应，而是把重点放在你自己想传达的信息上，把注意力拉回自己身上，让自己感到放松，而不是察言观色后，别人让你感到放松，你才能放松。

把注意力拉回自己身上……

真诚而礼貌的交流，对方也能感受到

我明明不擅长察言观色，却总在猜测别人的想法，因为担忧自己说得不好而内心慌乱，因为害怕尴尬而导致更加尴尬……

我好像有点明白了。

对了，我还有个问题……如果我真的无话可说呢？

我一直想改善自己的交流障碍问题，但先改变对自己的态度，才是摆脱枷锁的开始吧。

那也不必为沉默而感到愧疚。

别慌！

@#%$&*ˆ$@%！
（翻译：你好）

人与人的关心能衡量就好了

承认痛苦无法相通，也许是达成共识的第一步

我经常因为身边人的情绪，而感到手足无措。

……

比如对方生气的时候……

这件事太让人生气了！

是啊……

你评评理！

我觉得你说得对……

完全插不上话……

那就不要说话。

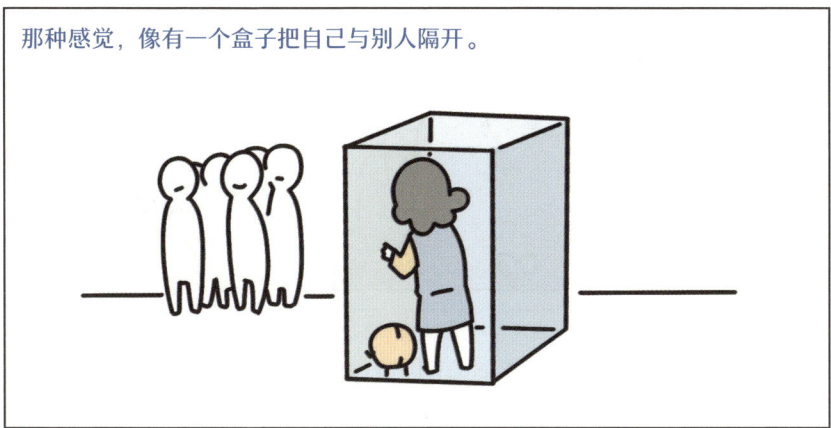

而对方伤心的时候,我也不知道如何安慰。

啊……那个,你别伤心了……

好无力的安慰哟。

呜呜

那种感觉,像有一个盒子把自己与别人隔开。

视频咨询中

因为如此,我不擅长安慰别人,所以我自己的孤独和痛苦也是无解的。

你会觉得因为自己付出的关心不够,而别人也不够关心你,就有点像报应?

对,就像等价交换。

出来混,早晚要还的。

但是你怎么判断这些关心够不够呢?

不擅长安慰和不关心是不一样的

我来做道数学题就更明白了。

毛毛毛的关心公式

我关心别人=别人关心我:皆大欢喜

我不关心别人=别人也不关心我:报应但公平

我关心别人 > 别人关心我:失望

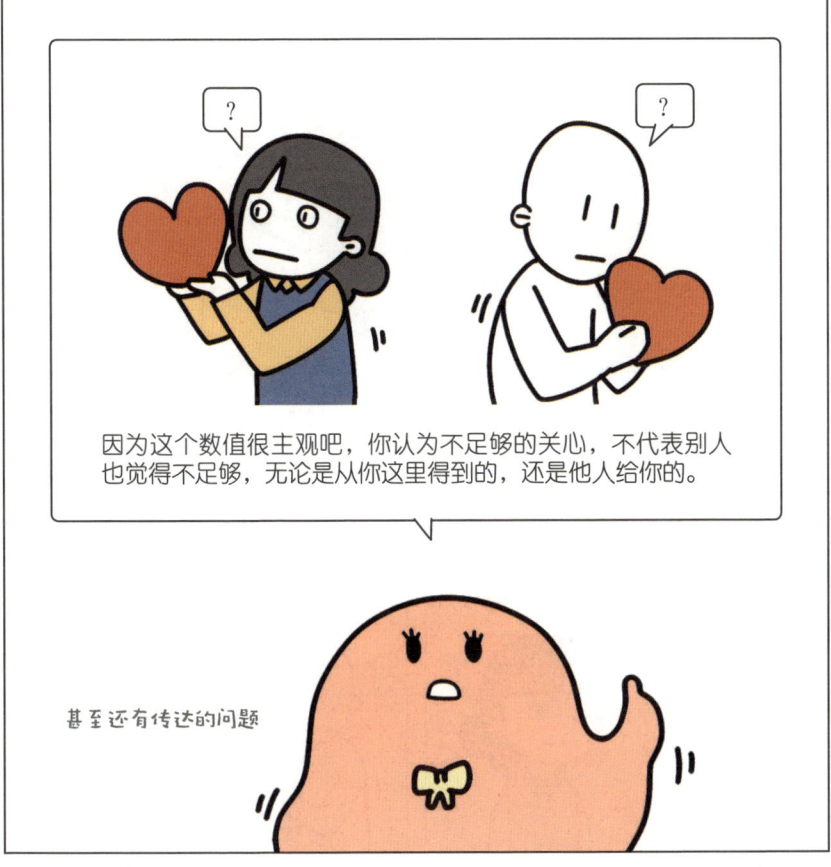

这么来看,所谓"关心"是有一个数量值可以衡量的。

还真的像数学题一样

但我这样是不是太功利了……

因为这个数值很主观吧,你认为不足够的关心,不代表别人也觉得不足够,无论是从你这里得到的,还是他人给你的。

甚至还有传达的问题

嗯,看不到关心的分量,毕竟我也不知道怎么表达对他人的关心,所以还是不要奢望比较好……

你这样猜来猜去累不累啊。

算来算去的

如果有一个理想国就好了,在那里,"关心"是一种透明的情绪,一类可以被等价交换的物品。这样大家都不用揣测、计较、纠缠。

一切一目了然。

小A的爱心数量　　毛毛毛的爱心数量

给你。

交换!

"一切公开、公正、公平!"

"不过又觉得自己这样斤斤计较很差劲,明明关心别人是应该的,我却想以此当筹码……"

"也有明明想被关心,却觉得自己不配,所以只能暗自伤心的时候……"

"你真的能报答别人吗?"

你已经没有筹码了

"我有个问题:你并不是不想去关心别人,而是觉得自己关心得不到位,害怕无法换取别人的关心吗?"

"是的。"

"虽然我能理解你说的一切透明的理想国,但人是复杂的,情感是非常私人的事情,同样的事情会给不同人带来不同的感受,而这种感受也无法完全交给别人来理解。"

比如……

"不能出门好焦虑!"

"不出门也无所谓。"

因为大家都无法互相理解，所以也不能对平等的关心抱有期待吗？	其实这只是程度和认知上的区别。关心别人和期待别人关心都是正常的，但如果把它绝对化，用主观的数值去衡量得失就有些不够真实了。
我掐指一算，也算不过来。	

就像互做试卷一样，

有时可能无法解出对方的题。

但如果以互判的分数来衡量关心，就会陷入分数的计较中。

糟了……

因为关心并不是猜透别人心思的数学题，
更不是期待别人来拯救自己的筹码。

> 承认痛苦无法相通，也许是达成共识的第一步，但相互关心，是出于彼此真的在乎对方。

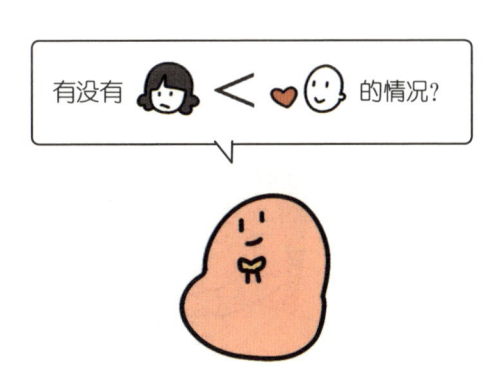

关心只是因为你想这么做，而你也值得被关心。

> 所以让心去指路吧，这道数学题我罢考了。

> 有没有 🧑‍🦰 < ❤ 🙂 的情况？

> 那多不好意思啊。

忍不住生气，又不敢发火

健康的人际边界，并非一成不变的态度

我发现，在现实中我很难表达清晰的边界。
有时我有点"怂"。

- 年轻人不能这么娇气，现在是打基础的时候……
- 又要加班呗……
- 你直说得了。
- 领导→

有时又有点"刚"。

- 毛毛啊，你不结婚以后老了怎么办？
- 老了我就死了呗。
- 感觉更糟了。

> 你的情商呢?

> 有时既守不住边界,又得罪了人。
> 我已经不知道该用什么态度来面对这个世界了……
> 选一个吧。

得罪人 / 忍耐

得和咨询师聊聊。

> 怎么讲?
> 觉得自己的边界有时飘忽不定,到底什么才算正确的边界感呢?

> 当别人入侵我的边界时,我会感到被冒犯。或许这也算是进步,毕竟以前我只会木呆呆地犯傻。但我依然不懂,该怎么应对那种冒犯呢?
> 总不能一感到不爽就愤而反抗,这样的话会变成"杠精"吧。

在什么情况下无法应对，反抗又指的什么呢？

比如面对职场领导或长辈，我总不能生硬地怼回去，会有很多顾虑。

而且对于不同人，我的感受也会有所不同。

所以我迷惑的是，边界是否会随着关系而变化？如果对所有人统一标准，会不会变得不近人情？

谁都不许越界！

太"刚"了吧。

可放宽标准，让边界模糊一些，有时就无法保护自己，也可能冒犯他人。
双方都没有边界，就是互相伤害。
边界是你自己制定的规则，它意味着：在这个范围内，什么是合理、安全、可以接受的。
如果你感到被冒犯，那这种感受对你来说就是真实的，无论对方是谁。
而你说的“怼回去”似乎是表达方式，但如何表达和边界是否清晰是两回事。
所以到底什么才是清晰的边界感呢？

清晰的边界感是,你尊重自己的感受,知道自己的边界在哪里。但对于不同的情况,可以采用不同态度,这并不代表你的边界是模糊的。

也就是说我有清晰的边界,但表达方式可以灵活。

是的,清晰的边界是对自己而言,并不是对他人生硬的态度。

我想起一种情况。比如,我以前很介意别人随便评价我的长相,因为我心里觉得外表很重要,但有时又觉得多大点事,有必要计较吗?

会怀疑自己小题大做。

不过现在就不太介意了，因为我知道随便评价别人长相真的很没礼貌。

我可以一笑而过，也可以据理力争。

不必非得证明什么。

这说明你的认知成长了，边界也发生了变化，应对的方式也就更加自由。

今天我对"边界"又有了更深的认识。
健康的边界并非指一成不变的态度，它也可以是灵活和富有弹性，并且随着成长而变化的。

也是某种心理弹性。

有缓冲区，也有底线。

弹性地带

但边界应该是清晰的,因为只有清晰的边界,才能赋予我自主选择的权利——

我有权决定自己在什么条件下能接受什么,不能接受什么,以及用什么态度来应对,能够抵御他人的冒犯或者利用。

> 一条清晰的界线,保护自己,尊重他人。

> 旧边界,我成长了。

> 这是什么?

妈妈,这是我对你的爱

或许养育者也不是完美的

从出生起,我从未离开过家乡,一直和母亲生活在一起。

很多外乡的朋友经常羡慕我,每天都能够和家人相处,不会经历思乡之苦。

和妈妈逛街呀?真好。

母亲↓

但在感情深厚的背后,我和母亲也经常会因为鸡毛蒜皮的事情吵架。

说你多少遍了,拿出来的东西都不知道放回去!

一会儿就放回去。

有时我也不甘示弱，奋起反抗。

"看你以后自己一个人怎么办！"

"我这么大了……"

"歪楼"了。

"就会犟嘴，说一句你有一万句等着！"

总之，每次吵架都不欢而散。

"行了！你现在有本事了，嫌我管你了！"

"……"

但吵完架后我总是既委屈又后悔，我和咨询师聊起这些来。

"一边说我没自信，一边处处否定我，自信是补充维生素就能得来的吗？"

"虽然都是些无聊的小事，但我就是感到生气！"

> 但是你会来咨询,我感到你是想修复这些问题的。

> 也许我活得这么别扭,是和家庭教育有关的。

> 我是想修复这些创伤,我也好好思考过。奇怪的是,我好像也在用"活得别扭"来"报复"我妈,证明她错了。

> 有些事我知道是为我好,但是被念叨多了就会逆反。

> 怎么讲?

> 口头上反抗不了,用行动来证明她这样管教出来的小孩长大后活得很失败。

> 像是一种变相的愤怒。

> 不想顺从。

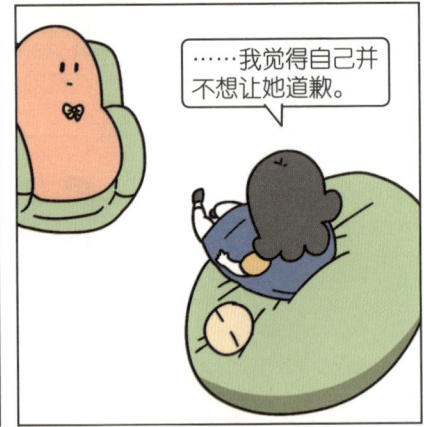

好像"献祭"自己来证明她的错误,很悲壮了。

我知道这很幼稚。

那如果有一天母亲认识到自己的问题向你道歉,你觉得自己的情况可以改善吗?

这个假设真不敢想象……

心里感觉怪怪的。

……我觉得自己并不想让她道歉。

你觉得她的强势也反映了她的生命力。

我确实渴望她能看到我受到的伤害,但如果让她示弱的话,好像就剥夺了她的精气神。

对。

虽然破坏力十足但很有精神。

哥斯拉……

就像有股能量,她通过管教我来获得,但如果我拒绝被管教,她就会枯萎。虽然这是有点自大的说法……

是某种身为母亲的价值感吗……

你觉得母亲通过管教你来获得"存在感"。而你需要为她负责,压抑自己的不舒服,于是"活得别扭"。

这么说可能只是我的一厢情愿,但是她的注意力总在我身上……

如果她的生命能够更充实的话……

所以你想要的并不是母亲的道歉，而是她能看到你在忍耐背后的牺牲和付出。

是的……

就是这个！

但是我知道妈妈也为我付出很多，我真的感谢她，而她有自己的立场和局限性，我不想通过让她改变来让自己获得救赎。

你确实无法让别人改变，无论是道歉还是感谢。

你觉得需要为母亲负责，从这种说法中我也看到了你的力量。虽然她表面上更强势，但你才是更坚强的那个，你一边忍受情绪伤害，一边提供两人份的能量。

我并不想否定你要为母亲负责的心情，我认为那是你对她"爱"的体现，可能不是强大、自信又独立，或者是物质的回馈，却很隐忍和厚重。

你真的这么认为？我一直觉得自己很没用……

你理解了母亲的立场和局限性，愿意默默地付出和承受，这是你对她的爱。

但你可以不依靠她的认可获得幸福，也不必通过活得别扭来证明她"确实错了"。按照你自己的规则去生活，这是你对自己的爱。

哇啦哇啦哇啦！

真有精神。

相亲？要不算了吧

恋爱与婚姻，真是人生的必需品吗

最近，家里人给我介绍了相亲对象。出于礼貌，我还是赴约。

你好。

你好。

这顿饭就AA吧。

这样啊。

你很优秀，但是我现在暂时不想谈恋爱，也没有结婚的打算。

双方愉快而和平地结束了会面。

那祝你工作顺利。

也祝你找到合适的人。

太可惜了,先谈谈嘛,是个不错的小伙子。

我没这个心思,就别耽误彼此时间了吧。

等你有这个心思的时候就晚了!

亲戚说得也并不是没有道理。

可是我现在确实没这个心思,就是觉得很麻烦啊。

为什么觉得很麻烦呢?

人为什么非要谈恋爱呢?

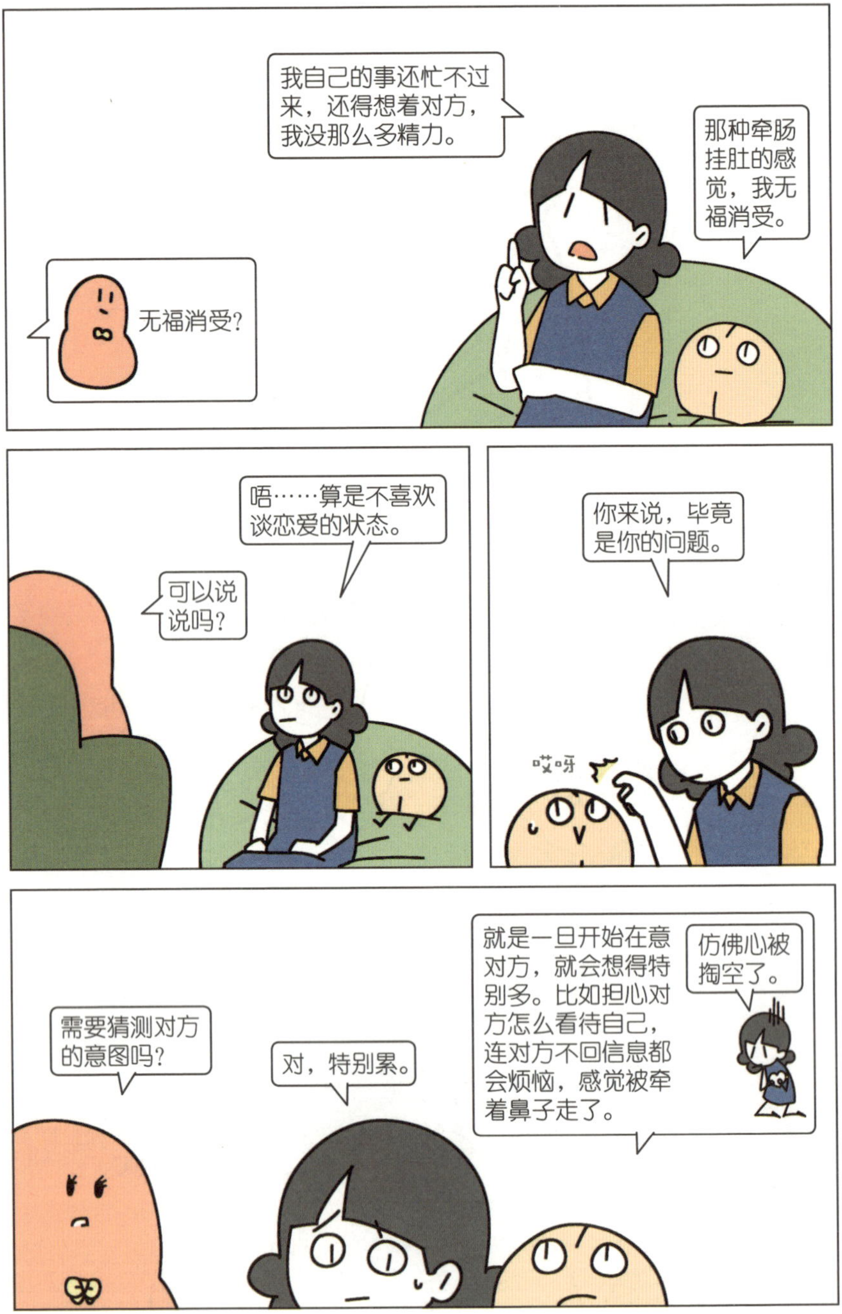
我自己的事还忙不过来，还得想着对方，我没那么多精力。
那种牵肠挂肚的感觉，我无福消受。
无福消受？
唔……算是不喜欢谈恋爱的状态。
可以说说吗？
你来说，毕竟是你的问题。
哎呀
就是一旦开始在意对方，就会想得特别多。比如担心对方怎么看待自己，连对方不回信息都会烦恼，感觉被牵着鼻子走了。
仿佛心被掏空了。
需要猜测对方的意图吗？
对，特别累。

似乎"自己的情绪受到对方的影响"这种状态，会给你留下不好的印象。

对，会感到焦虑。不舒服的感觉远大于甜蜜，所以还是算了吧。

这样也会给对方带来压力，既然都感觉不好，何苦呢！

或许因为你之前的经历没有建立起足够的安全感。一段良好的关系，双方是能够感到自由，不必互相猜忌，又能彼此支持的。

我明白，不过现在我年纪大了，如果是以结婚为目的发展的关系，除了感情，要考虑的事更多。

比如价值观、生活习惯、处事风格、对未来的规划，甚至成长环境和家庭氛围都很重要，如果只是因为扛不住压力而结婚，万一不合适，最后困扰的还是自己。

催婚有压力，但结婚不是缓解压力的办法，甚至可能面临更大的风险。

但也有声音说生活就是相互磨合。只是有时我在想,如果我本身不向往家庭生活,物质上也没有和人搭伙才能维持的必要,那我为什么一定要找个人磨合呢?

他人的想法来自他们的经历和价值观,如果你清楚了解自己的需求,是可以为自己做出人生规划的。

目前来讲,爱情不是我生活的必需品。

但有时想到我是独生女,如果以后父母不在了,我也没有家庭,可能会孤独终老。

无论你做出什么选择,都需要付出代价,但是孤独终老不一定是独身的唯一结局,就像幸福美满也不是婚姻生活的必然结果。

这还挺让人伤感的。

你的意思是,一切都需要经营。

这也是一种磨合。

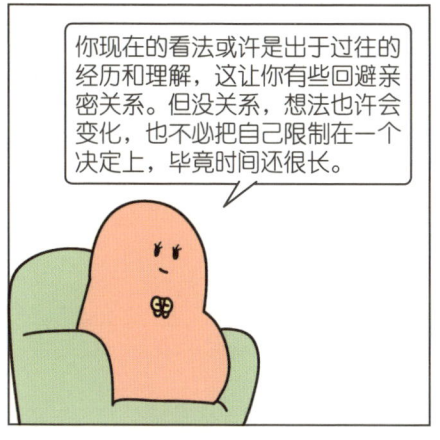

> 你现在的看法或许是出于过往的经历和理解,这让你有些回避亲密关系。但没关系,想法也许会变化,也不必把自己限制在一个决定上,毕竟时间还很长。

> 只要忠于自己的内心,能为自己负责,按照自己的节奏就好。

> 我不知道未来有没有机会改变。

> 也是。

长久以来,我确实有个信念——"我不适合谈感情"。

但或许这种想法也限制了我以更开放的态度和他人相处。

忽略

我不知道未来会如何。
也许我会一直忠于自己现在的决定,
也许未来会出现一个改变我想法的人。

但我知道,我越是了解自己,
越能把握自己的命运。

> 你现在是怎么想的?

现在还是更热衷于赚钱。

没关系,我还好

坚强需要勇气,信任更需要

不知大家在生活中,有没有遇到过这样的人——他不轻易分享自己的情绪。

> 你怎么了?

> 没事,好得很!哈哈哈!

> 一点也不好。

不习惯向他人求助。

> 毫无头绪,我想不出来啊啊啊

> 想不出来也得想。

做事优先考虑"独立解决"。

搜索：如何一个人搬家？

这么累的事，还是别麻烦别人了。

见到这类人的行事风格，谁都会忍不住夸赞："够坚强，真独立！"

自己搬家从楼梯上摔下来又自己去了医院？

没事。

你真行

但每每听到这句话，他心里也会默默苦笑一声：

我这也是没办法啊！

没错，这说的就是我。
但坚强背后的辛酸只有自己知道。

其实很多时候都是自己硬着头皮扛下来的，并不是真的这么坚强。

看到别人获得支持，还有些酸。

遇到困难时可以像其他人一样去求助吗？
可以是可以，但总是会有一些顾虑。
呜呜……
比如，求助万一被嫌弃，怎么办？
像这样。
请帮我……
这个也不会，你真麻烦。
你似乎不太相信别人会帮助你。
如果被拒绝或被辜负，我会很难受。

我也不想让别人看到我软弱的样子。	像这样。

真是个失败的家伙。

狼狈的样子太丑了……

被人小看，自尊心大受打击。

好像也不太相信他人会理解你。

还会怀疑，这些事真的有必要求助吗？

如果你真的需要的话……但似乎你对必要性有其他判断标准。

觉得自己不值一提。

> 好像对你来说，他人有时会站在对立面，求助或者示弱可能意味着被二次伤害。所以你的坚强更像是一种回避伤害的策略，并不是心甘情愿，而是不得不的无奈。

> 是的，说起回避，我想起了小时候的事……

> 可以被称为"钢铁是怎样炼成的"。

有段时间，我因为在学校被孤立，心情总是很差。

> 妈妈，我不想去学校，我觉得很难受……

> 不要遇到点困难就抱怨，大家都有难处，你长大后还会遇到更多的困难，总这么脆弱怎么行？

> 妈妈说得对，是我太脆弱了，我应该坚强点。

在学校，老师也总是更关注突出的学生，而我的存在感薄弱。

> 老师的评语：
>   毛毛毛同学过于内向，希望能再开朗些，团结同学。

> 老师也顾不上我……

久而久之,我就形成了一种惯性想法……

我还是很难受,但说了也没人理解,大家都很难,我不能给别人添麻烦。

你不能依靠别人,你只能自己解决。

并不是抱怨,我当时真的能理解大人的难处,只是……

如果有人能看破我装出来的坚强,愿意主动关心我、爱我就好了……

这个故事听着有点委屈……确实,年幼时的求助如果总是无法被温暖地回应,便可能形成"我不够好,不配依赖别人"的信念,长大之后,有可能造成"回避依赖"、缺乏安全感的情况。

我知道这样不好,现在就变得和他人很疏远……

也许你已经意识到旧模式的不适合，只是改变旧的模式需要时间，也需要你更主动地从新的角度去看待自己和他人，慢慢打破以前"我不能"的信念。	你能走进咨询室吐露心声，我认为这已经是你在尝试做出改变，去试着开放自己相信他人，这是很勇敢的一步了。 至少在这里我想放下一些包袱。
也许是咨询师温暖的回应，稍微融化了一点我那颗"防御"的心，让我重新思考他人是否真如我想象般的苛刻。 我害怕别人不帮我、嫌弃我、小看我，这种想法有多大程度是真实的？	虽然展现脆弱对我来说不容易，但或许可以先从不那么防备开始。 我有点事想和你说……

看来，坚强需要勇气，信任更需要。

我有什么能帮忙的吗？

我不是一座孤岛，我和世界有船通航。

毛毛毛的岛

有些事，我还是没说出口

"安全可靠而包容"，是咨询合作得以延续的基础

我进行心理咨询已经有一段时间了，咨询好像成了一项日常活动。

> 终于可以把脑子放下了。

> 整天挂在你身上，我也很累的。

咨询中，我会把很多平时不会告诉别人的事和情绪告诉咨询师。

> 这些话我是第一次说出来。

> 讲述也是梳理情绪的一种方式。

> 虽然还是想不通，但说出来之后我好像变轻松了。

但即使如此，我仍然会对有些事在"说与不说"的选择上犹豫不决。

有件事……

？

啊！

还陷入了心理斗争。

这是埋在我心里最深沉的秘密！

不能说！

哎呀……

但是如果不说出来就解决不了问题，给我！

哇哇哇！

那种感觉就像是身体检查，脱光才能让医生进行（其实并没有）。

但我并不愿意这样做。

这算是讳疾忌医吗？

更衣室

于是我把这种感受告诉了咨询师。

并不是不信任你,我只是不喜欢被看透的感觉,有些事我就想埋在心里不去面对。

这些是属于我的秘密!

你有选择说什么,什么时候说,或者不说的权利。

那我这算是逃避吗?明明有问题却藏着。

如果你觉得这是逃避,我们也可以讨论"逃避"的问题,但这里不是一个逼你说出"秘密"的地方。

你不必靠"出卖秘密"来换取"治疗",我不是医生,更不是狗仔队。

我只是想变得更坦诚些……

如果什么都不说,不就是"咨了个寂寞"吗?

我感觉你在要求自己“坦诚”。虽然真实有利于沟通，但即使“不真实”也能反映一些情况，这是我需要面对的问题，而不是你的。
所以你不必担心，只要真诚地面对自己就可以了。
也就是说，我们可以无话不谈，也可以不，这取决于我。
是的。
这点还是能做到的，否则就是付费“假装”了。
唯一需要确定的是，这一切都建立在你感觉安全可靠的基础上。
另外，你刚刚提到“埋在心里不去面对的事”也并不是一定要去纠正的问题，只要你的内心能够接纳和感到平静，这些不去面对的事也是可以存在的。
这样啊……
在临走的时候，我注意到了一个小东西。
我一直很好奇这个门口装的是什么。
发出海浪声的花篮，是为了让人感到平静吗？
哗哗哗哗

走心了,"老铁"。

这个白噪声播放器是为了不让外面听到屋里的谈话。

哇!

最终,有些事我还是没有说出口。

锁上。

都锁进保险箱。

但我知道,这个小小的咨询室仿佛山洞一样,暂时把我和外界隔离开。

当我走进这个山洞的时候，我知道我是自由且安全的。

第三章 情绪管理

每一种情绪,都有它的价值。

凌晨3点，我还没睡着

无论这一天过得如何，它都可以结束了

今天又是我咨询的日子。

我来了。

你看上去状态不太好呀。

没错，这次我要聊的问题是"失眠"。

你夜里都在折腾什么？

这个嘛……

我昨天又折腾了大半宿，天快亮的时候才睡着……

再这么下去不是我死就是你秃。

睡不着吗？

有时候我会不停地刷手机，哪怕上面的内容并没那么有趣，我也会机械性地看。
能睡了吗？
不行。
或者上演内心小剧场，把不堪回首的往事翻来覆去地想，越想越心塞。
当年你是咋想的！
熬夜给你的感受是什么呢？
更多的是懊恼，觉得自己纯粹在浪费睡眠时间，但是第二天晚上又会再次重复。
我控制不住我自己啊。
好像被内心某个声音胁迫，它一直在和你说“不许睡”。
不许睡！
呀！
你是在说我吗？

白天睡觉和晚上睡觉有什么区别?

但是我白天睡觉就没问题,什么时候都能3分钟入睡。

现在我就想睡。

白天入睡前大脑会一片空白,什么都不愿意想,然后就睡着了,但晚上就像被打开了某个开关。

从心情上来说,晚上睡觉有种奇妙的焦虑。

是什么焦虑呢?

因为白天打盹我知道很快就能醒呀,睡眠只是暂时的,醒了就可以接着做事,但是晚上睡觉就说明一天过去了,总有种不甘心的感觉。

但是今天没做完的事情明天还可以继续做,为什么会觉得不甘心呢?

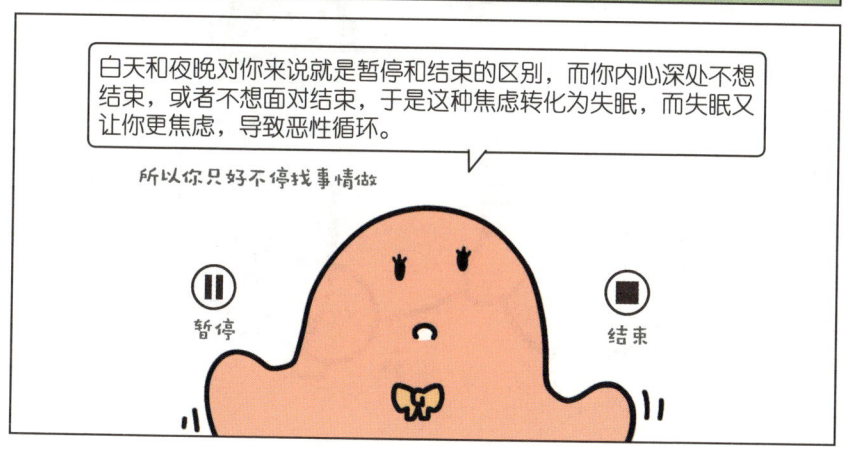

大概觉得自己这一天过得不满意，就这样结束有种盖棺论定的感觉，即使明天继续，也说明至少今天的我是失败的，所以不甘心吧。

或者说是不满足感。

所以在某种意义上如果自己不睡，这一天就不会结束？

就是这种感觉。仿佛是应对白天的无力感，用不睡觉的方法报复性延长可支配时间！

白天和夜晚对你来说就是暂停和结束的区别，而你内心深处不想结束，或者不想面对结束，于是这种焦虑转化为失眠，而失眠又让你更焦虑，导致恶性循环。

所以你只好不停找事情做

⏸ 暂停　　　■ 结束

找到失眠的原因了!

多年的谜题解开了!

原来我不是夜猫子!

我只是太焦虑了!

但是就算知道了我失眠的原因，又如何摆脱白天的那种无力感呢？
我想这其中还有控制感缺失的因素，但我希望你能认识到：即使白天过得不满意也没关系，因为一天的结束并不意味着时间结束。
今天结束了，你仍然有机会在醒来后继续做事。如果觉得白天的可支配时间不够，那可以再找更合适的时间，但不是侵占晚上的睡眠。
也就是说让自己从内心深处真正接受“今天可以结束了”，我才能睡得着。
是这样。
一切都还来得及。
天塌下来也等明天再收拾吧。
这次你终于知道我在想什么了。
我比较希望你什么都不要想。
找到了问题才能解决问题。

毛毛毛小剧场

失眠大师的入睡小技巧分享

失眠的因素有很多，除了心理因素外，环境因素也很重要，要给大脑一个"我要睡觉"的暗示。

睡吧……

睡前（至少30分钟）远离手机，不看让大脑兴奋的东西。

不许看了！

啊

调低周围的照明亮度,保持温度适宜,让自己平静下来。如果是喜欢内心小剧场的人,躺下后要有意识控制自己不要东想西想。

> 一切都慢下来吧……

> ……

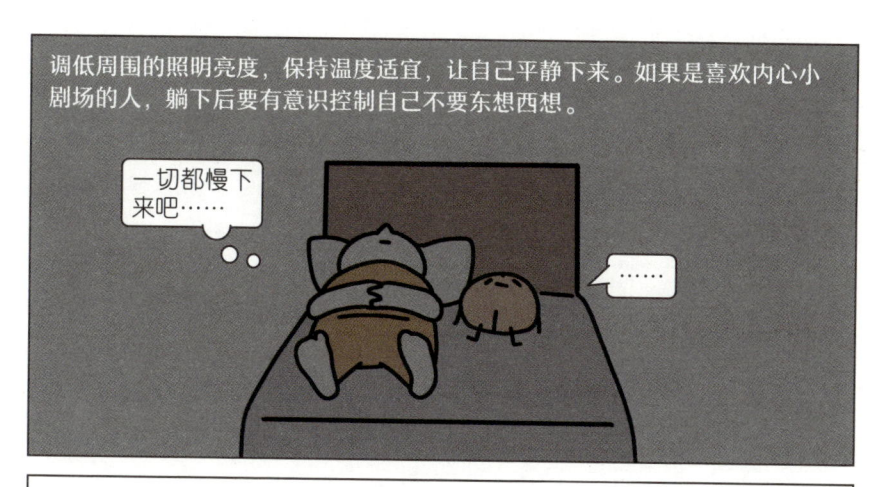

如果实在控制不了自己的思维,可以尝试听些白噪声,或者想象某个能令自己平静的单调场所,把思维限定在那里,总之就是降低思维的活跃度。

> 一艘小船,我在里面摇啊摇……

> 摇啊摇……

> 摇啊摇……

但重要的是从心底里接受"我要睡了"的心理暗示。

zzz……

压力一大,就想吃东西

应对情绪性进食的 5 个办法

我的工作,有时让人身心疲惫。
每每感到压力时,我的手就会不自觉地伸向食物。

我要"炸"了,你得吃点东西才行。

还对高热量食物情有独钟。

只有一个苹果了。

苹果不行!只有奶茶才能抚平我的伤痛!

给我点外卖!

有时明明吃了晚饭，还想来顿夜宵。

好香，是烤鱿鱼！

今天加班这么辛苦，吃串烤鱿鱼犒劳自己不过分吧。

来两串！

而进食似乎是无意识的，我有时吃得又多又快。

咯咪咯咪　嚼嚼嚼

直到肚子不舒服才会反应过来。看着各种包装袋和飙升的体重，想起自己的放纵，我感到无比的羞耻和愧疚。

一点也没有自制力，太差劲了。

我到底在干什么啊……

一片狼藉

之后就会强行节食,却由于积累了更多压力而爆发性反弹,还落下了胃病。

我很沮丧和烦躁,但你不能吃东西,你太胖了!

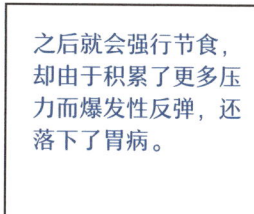

我好饿,胃还有点痛……

为此我苦恼得不得了。

我控制不了食欲,总是想吃东西,是不是有什么病啊。

难道是暴食症?

可以说说情况吗?

我总是想吃东西,尤其是感到烦躁时。或者无所事事时也会不自觉地找东西吃,完全控制不了自己。

想吃甜食,不给就闹!

曾经试图用喝水代替,也坚持不了。

完全无法控制吗?

要说完全无法控制也不算，也有因为太忙顾不上吃的情况，心情特别抑郁的话也会没食欲，如果状态比较好，也能控制一点……
主要是心里空落落的时候，就会想用食物来填满。
频率和食量呢？
三餐还算正常吧，但下午和晚上吃零食比较多，比如奶茶、饼干、巧克力、薯片之类。吃了晚饭还想吃夜宵，尤其是加班的时候，烤串啦、方便面什么的。
这样列出来真不少。
难道单纯的只是个吃货？
你的情况应该可以排除进食障碍，但可能存在“情绪化进食”的情况。
情绪化进食，是什么？
一种你应对负面情绪的不良策略，算是一种饮食失调。

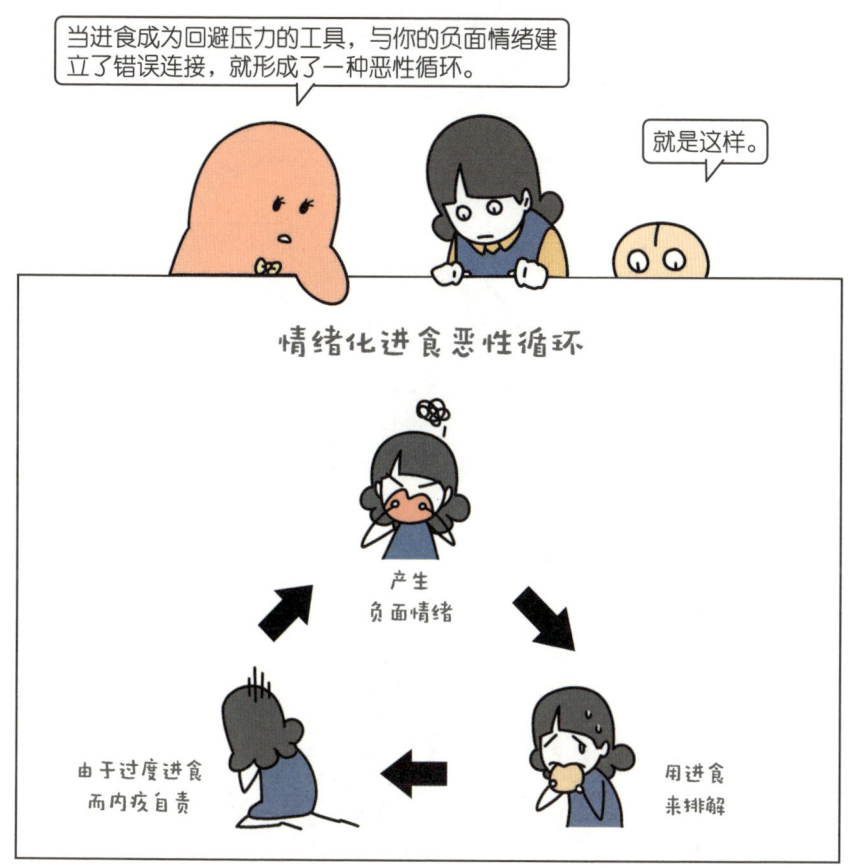

你说想吃零食一般是在情绪不好的时候,这可能说明,进食和你的情绪联系在了一起。

吃东西好像是我的一种排解情绪的方式。

吃的时候确实能好受片刻,吃完心理负担却很大。

当进食成为回避压力的工具,与你的负面情绪建立了错误连接,就形成了一种恶性循环。

就是这样。

情绪化进食恶性循环

产生负面情绪 → 用进食来排解 → 由于过度进食而内疚自责 →（循环）

> 可是我没办法很快改善情绪呀。虽然我也知道吃太多很不健康，但就是控制不了。

> 而且想吃的时候吃不到还会觉得委屈生气，情绪更不好了。

> 所以我都会囤好多零食，不知不觉忍耐力下降，又陷入了另一个恶性循环。

> 很难延时满足。

> 我前段时间还看过一篇文章，说过量摄入糖分会有成瘾的风险，我那么喜欢吃甜食，说不定已经上瘾了！

> ……可是我对自控力已经完全不信任了，该怎么办呢？

> 确实，强行压抑食欲或者节食是行不通的，也许需要先从打破情绪与进食的错误连接开始。

> 怎么做？

情绪化进食的改善对策

首先要区分情绪性饥饿和生理性饥饿。除了想法,感受自己的身体状态。

脑:我想吃东西。

胃:其实我不饿。

记录饮食和情绪日记,确定自己的情绪饮食触发器。一旦了解自己情绪化进食的诱因,就可以尝试以其他更健康的方式来满足情绪。

上午10点,做重复性工作时感到无聊,想吃薯片

下午3点,因为想不出方案而烦躁,想喝奶茶

下午5点,终于开完会了,想吃巧克力奖励自己

所以对我来说无聊、焦虑和松口气的时候最危险。

| 觉察自己的情绪性饥饿，练习等待"渴望"过去，停下来，找到其他能让自己放松的事情来安抚情绪，尽量远离那些会刺激自己进食的环境。

> 情绪上来了，我也要喝下午茶！
> 有人想喝下午茶吗？
> 我们下楼溜达一圈再说。

但如果一开始实在很难控制，也可以循序渐进。比如，把什么时候吃、吃什么固定下来，好过情绪上头时完全失控，反复练习会逐渐增加对进食的控制感。

> 每周有一天可以吃喜欢的东西。
> 并不是完全断绝，有所期盼反而更能克制。
> 忍到那天就好了

当觉得自己情况严重到无法控制，或身边的家人、朋友都没办法给予支持时，务必去正规医疗机构求助。

> 去医院吧。
> 短时间大量进食，暴食，催吐，体重低下，摄食障碍，厌食，等等。

是否存在进食障碍需要严格评估，但如果出现相关的症状或无法判断时，请及时就医享受食物是一种美好的体验，而非仅仅满足身体需要和填补情绪空隙，这样才能不辜负食物的美味。

慢慢吃，好好品尝，给身体留出反应时间。

慢慢吃反而比以前吃得少了，更能疏解情绪。

做个有品位的干饭人！

鼓起勇气发了火,却并没有被尊重

不要让别人的反应来主导你的情绪

又到了我心理咨询的时间。
前几天我和同事大吵一架,起因是他和我说话太随便。

> 哟,毛毛毛你又跑哪儿去啦?

> ……

一直以来我都在忍耐,

> 算了算了。

> 头发长,见识短。

他却得寸进尺。

> 瞧把你能耐的。

> 忍耐忍耐。

直到有一天,
我终于忍无可忍……

吃饱了撑的……

爆发

你才吃饱了撑的,你会不会说话?

结果却受到了批评。

她突然莫名其妙发脾气,吓了我一跳。

啊?!

太不像话了。

领导→

气死我了!
气死我了!

我要调岗!辞职!发全员信!

明明之前你一直在忍耐。

因为我一直忍耐的态度让他无法意识到他冒犯了我,是我没有传达过自己的边界,他才会一直越界。

我自己思考过这个问题了

又在自我检讨了。

都是套路。

这个人的行为听上去像是在挑衅，不过你提到了边界，这很好，似乎你看到了一些情绪之外的东西。
我的问题就是，我意识不到边界。或者说当我意识到的时候就已经晚了。
因为在开始的时候，即使感到不太对劲，通常也会告诉自己“是不是自己太敏感”或者“不要找麻烦”，尽量去忽略不对劲的感觉，后来习惯了忍耐，直到积累到一定程度才发现“我忍不了”。
兔子急了咬人，老实人急了火车头也拉不住。
愤怒一直积攒，直到某个临界点，就变成压死骆驼的最后一根稻草。
太情绪化了，发完脾气还会自责，还是有更好的解决方式的吧。
被愤怒冲昏了头脑。

忍耐令你委屈，发脾气你会自责，似乎受伤的总是你。
啊！
你觉得用理智的方式也许能更好地解决问题，但事实上他的行为侵犯了你的边界，你生气也是很正常的情绪。
谢谢你的理解，我现在感到好受些了。
冷静下来想想，如果我心平气和地把想法传达出去，你说会怎样呢？
你想到了新的应对方式，试一试也许有新的认识。
我打算试试新的做法——不要等到忍无可忍的时候才爆发，来场鱼死网破的决斗，而是在有火星的时候就把它扑灭，清晰地传达我的边界。
……

于是我找到上次的同事,想要把事情说清楚。

上次突然发脾气是我不好,但我也希望你能理解我。你之前的做法真的令我很不舒服,我感觉没有被尊重,请你以后不要再那样和我说话了。

耐心

然而……

我可惹不起你,谁知道你又觉得我哪句说得不对,以后井水不犯河水吧。

啊!!

气死我了!气死我了!气死我了!气死我了!!

这次真的忍不了了!

发了脾气也没有被尊重,好好说反而被排斥,怎么样都无济于事,我感到了"无与伦比"的挫败感!

输了!伤害很大且侮辱性极强!

这个人的行为似乎是非理性的,即使你试图理智地对话,但他仍然是拒绝的。

没错!简直是对牛弹琴,奢望他能意识到自己的行为有问题,是我太天真!

安慰

可是你也没办法为他的反应负责,这是他的问题,不是你的,你已经做了你能做的努力。这个世界上就是有人无法理智地沟通,也无法意识到自己的行为是否得体,但如果依据他们的反应来判断自己,那无论如何都会感到挫败。

所以我不应该为他这次的态度而感到生气吗?

你当然可以生气,但并不意味你"输了"。这仍是一次很好的尝试,你有什么新的想法吗?

虽然沟通失败了,不过他应该也会有所顾忌,至少知道我是有底线的,而我也知道他是怎样的人了,当然之后也可能变成暗自较劲,不过我已经做好准备了。

我不怕他!

所以我认为这次的事情对你很有意义。你第一次平静、有力地表达了自己的边界,这是觉察自己情绪的有效练习。以后遇到类似情况,你就可以做得更好。

至于对方究竟是"无法理喻"还是"无意冒犯",这不可控,也与你无关。

虽然这不是一次有效而体面的愤怒表达,却是我"看到自己""表达自己"的一次大胆的尝试。

方式方法可以培养和练习,但说出自己的感受,保护自己,在照顾自己这件事上,我又迈出了一步。

一定要说收获的话,我觉得有时愤怒比压抑更有力量。

我也是有态度的!

一吵架，就委屈得想哭

面对冲突，你可以拒绝成为受害者

人生总会碰上各种难题。
而在所有的难题中，我最不想面对的，就是与人发生冲突。

因为胜率为零。

有时明明是自己占理，却因为情绪激动而无法顺畅地表达。

多么苍白无力的语言啊！

啊啊，那个……不是这样的！

话说出来之前眼泪先"咕"的一下涌了出来，气势一下子没了。

怎么这么不讲理……咦？

我哭了？

输定了。

要不就是冲突之后觉得自己没有发挥好而无比后悔。

我当时为什么不这样那样说！

事后诸葛亮有什么用！

别人骂我两句我会一直记得，还会大半夜反复琢磨来伤害自己。

他上个月骂我来着，想起来我就受不了。

于是很多时候，我会为了避免纷争而牺牲自己的利益。

唉，算了算了……

憋屈。

大吼

一边说着要爱自己，一边却总是无法为自己争取利益。

你说别人怎么老是欺负咱呢？

因为欺负咱不需要付出代价呗。

贴

又到了我咨询的时间。我把这个问题告诉了咨询师。

所以就是这样……真让人不甘心啊！

144

你说自己无力招架冲突，当面对冲突时你的感受是怎样的？
恐惧和不知所措，就像条件反射一样。
条件反射？怎么讲？
就是特别害怕被骂，我从小就是这样。可能是以前太乖了，不敢不听话，因为一旦我表现出拒绝或者抵抗情绪，就会遭到训斥。
……
憋屈
只能偷偷委屈，无处发泄。
……时间长了就养成了习惯。面对冲突的第一反应就是忍耐，当可能发生冲突时当年的恐惧就被唤起了，习惯性地想用妥协来换取和平。
把这个收下，别为难我了。
不擅长为自己据理力争。

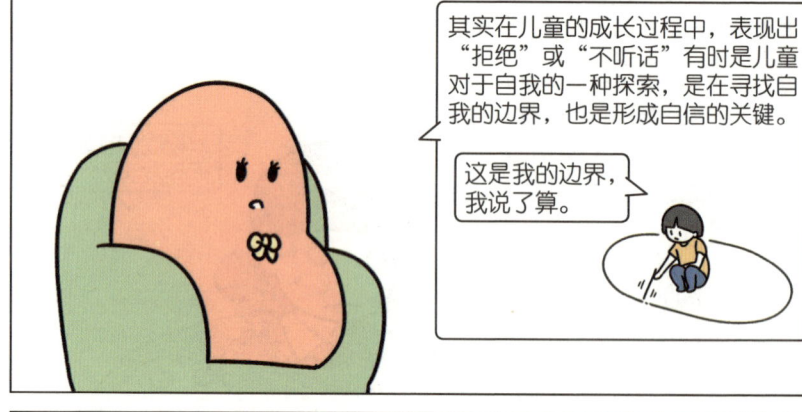

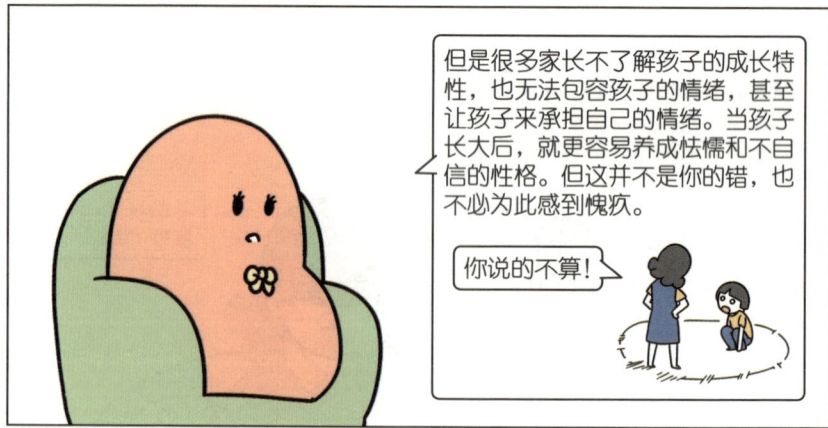

> 明明不开心却只能忍耐，你小时候和现在都受了不少的苦啊。

> 反抗就是拿不痛快找更不痛快。

> 其实在儿童的成长过程中，表现出"拒绝"或"不听话"有时是儿童对于自我的一种探索，是在寻找自我的边界，也是形成自信的关键。

> 这是我的边界，我说了算。

> 但是很多家长不了解孩子的成长特性，也无法包容孩子的情绪，甚至让孩子来承担自己的情绪。当孩子长大后，就更容易养成怯懦和不自信的性格。但这并不是你的错，也不必为此感到愧疚。

> 你说的不算！

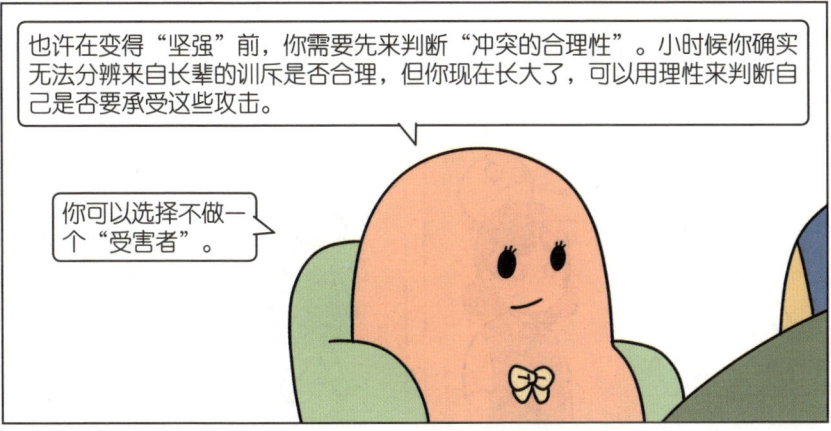

道理我明白了,但是我仍然希望自己在冲突中能更坚强一点……

不想陷在童年的无助中……

你觉得自己不够坚强,是因为每次面对冲突时别人带给你的伤害都是真实的,哪怕毫无道理你也会照单全收,到底要多坚强才足够呢……

也许在变得"坚强"前,你需要先来判断"冲突的合理性"。小时候你确实无法分辨来自长辈的训斥是否合理,但你现在长大了,可以用理性来判断自己是否要承受这些攻击。

你可以选择不做一个"受害者"。

原来如此。所以对我来说第一步不是修炼"战斗"技巧增强"战斗力",或者变得更坚强,而是首先纠正"我必须承受攻击"的错误观念。

@%*&?!￥#!

什么情况?!

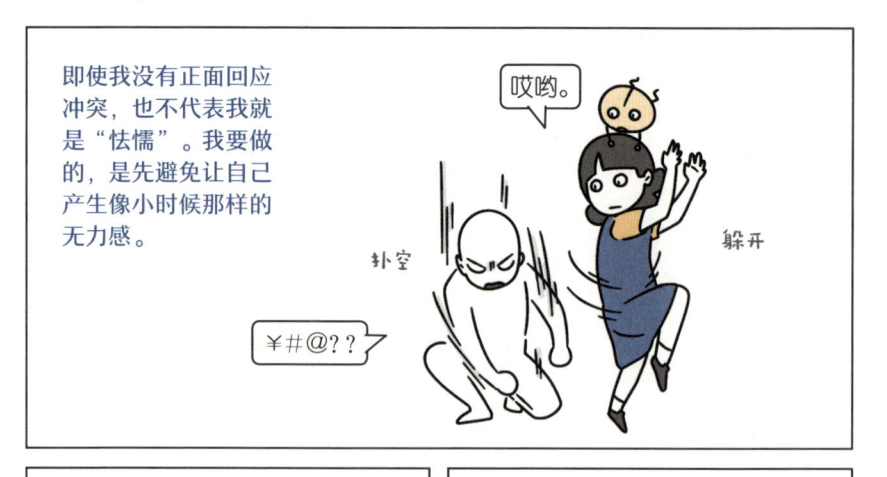

即使我没有正面回应冲突,也不代表我就是"怯懦"。我要做的,是先避免让自己产生像小时候那样的无力感。

哎哟。

扑空

¥#@??

躲开

爱自己,不是在"战斗"中获胜,而是不把自己当作沙包。

我不怕你。

只有当我能够看清自己的位置时,才能真正选择如何为自己而战。

拜拜。

吼?

你的攻击对我没有效果!

这是一句"咒语"。

克服焦虑，只需要做一件小事

用具体打败焦虑

最近，我遇到了一件让人非常焦虑的事，由于工作人事变动，我被调到了新的岗位。

又要重新开始适应了……

需要面对新的环境，

新的办公区，我连食堂在哪里都不知道……

这里人好多，我好紧张。

新的工作内容，

尬穿地心……

怎么回事，在说什么？

新的人际关系。

虽然我有问题，但都是不认识的同事，不敢说话……

我社交焦虑要犯了。

新的挑战引起了我极大的焦虑，压得我喘不过气来。

明明调岗是新的开始和机会，可你现在连上班都难。

……

躲进厕所休息一下

不对，我们做了这么多次咨询了，应该能更好地面对困难了！

之前是怎么说的？

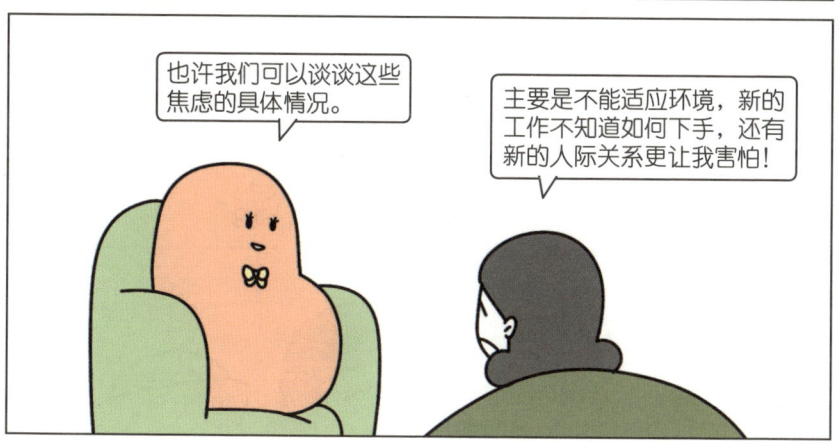

放松，放松，新的环境需要适应，我应该给自己一些时间……

真的吗？

放松不了！

呀！

只好又去找咨询师。

一想到各种困难，就觉得胸口压着一块大石头！

我要窒息了！

也许我们可以谈谈这些焦虑的具体情况。

主要是不能适应环境，新的工作不知道如何下手，还有新的人际关系更让我害怕！

- 不能适应的环境，指的是什么呢？
- 比如，这个办公区的人特别多，空气也不好，环境我也不熟，干什么都要问别人，我都不好意思了。
- 我是个"社恐"，这违背我的天性。
- 熟悉陌生环境确实需要个过程，你有什么办法来让自己平稳过渡吗？

- 呃……实在不想问别人，中午时间我就在楼里溜达，了解一下环境。不过有一天我居然发现了一个没什么人的天台，以后可以来这里休息。

发现"秘密基地"！

- 还有意外的收获。
- 探索地图，是"社恐"的生存学。

- 环境嘈杂有办法解决吗？
- 这个没办法。我把以前的靠垫、摆件和扩香石带来了，只能算是个心理安慰，目前只能忍耐。
- 勉强搭了个窝。

对了，也许可以把我养的小乌龟带去，多些老朋友的陪伴，说不定能让我更快适应新环境。

真是不错的想法呀。

工作方面的困难，是什么情况呢？

这个就严峻得多，全是新的内容，一头雾水，想起来就烦。

具体说说，是怎样的新内容？

新项目没人告诉我情况和工作职责，都是人家让我做什么，我就做什么，但我觉得这样不对，很被动，没个章法。

不知道自己该干吗，也不知道标准是什么，心里就很慌。

确定感对我来说很重要。

你发现了问题，有什么打算吗？

呃……大概需要找组长确认一下分工职责？

自己不争取的话，万一被交代了离谱的工作就麻烦了。

听上去其实你是有一些办法应对的。

是否管用就不知道了。

能够预见还会遇到困难，不过到时再说吧。

最后是人际关系，我知道自己很多问题的根源还是人际问题，我太怕生了。不过我想起自己入职的时候比现在还要"社恐"，也坚持下来了，所以现在早晚也能适应吧。

是很棒的察觉。虽然你仍然怕生，但也能意识到自己的成长，是有能力去尝试克服困难的。

只是还要忍耐过程而已。

> 说出来后,好像变得能面对一点了。这就是力量吗?

> 能面对问题的前提是看到问题。

> 我感觉在我们刚开始谈话的时候,你的焦虑更像是一种对未知的恐惧——各种忧虑混在一起,恐惧是模糊的,自己也陷在情绪中。但当你能更清晰、具体地把情况描述出来,再去反思,这件事便不再是混乱一团,这时你就能够动用理性来思考问题了。

> 原来如此,所以说完之后反而发现其实并不如想象中那么难。

> 之后就可以根据实际情况,将出问题的优先级,先聚焦目前最需要解决的事,一件件去做,也能让自己有更多的掌控感。

> 当务之急是工作职责的问题,明天我就去和组长谈。

> 当务之急是把乌龟带来。

> 对于长期或者困难的任务，也许需要拆解目标，将大目标拆解成小目标，更有利于执行。

> 现在想想，我之前的焦虑，也许是希望自己快速拿出成绩，但这其实太虚无缥缈了。

> 我的小脑瓜面对不了大困难，只能拆碎了一点点啃。

在找咨询师谈过之后，那种铺天盖地的焦虑感减轻了。

> 加油！

> 真是一次有实际意义的谈话，我明天就实践，拜拜。

这次咨询后，我有了一点心得。我发现，克服焦虑，就像"解谜"。

> 这是一片焦虑的土地，里面有什么？

> 挖开来看看。

焦 虑 之 地

需要一步步分析,让头脑在混沌的情绪和繁杂的困扰中,找到头绪,逐一解决。那种感觉就像拨云见日。

挖出来了,这上面写着"我害怕和组长谈话"。

那就先发个邮件吧。

妖魔鬼怪快现形!

敏感一点也没关系

"高敏感体质"的 7 条自我关爱指南

今天又是疲惫的一天。但说起来好像也没经历什么大事。
早晨坐公交，邻座的人吃了大葱馅包子，熏得我开始晕车。

> 我想吐，快让我下车……

> 忍着，要不迟到了。

上班时同事忽视了我打的招呼，让我怀疑对方是不是对我有意见。

> 早安……

> 她没理你！

快步走过

心里装不下事，会一直不停地琢磨、纠结。

你别念了……

作为一个"社恐"，如何保持正常社交距离呢？太近自己压力很大，太远又很疏离，别人到底怎么看我？真羡慕那些开朗的人，好像和什么人都能聊到一起，工作起来也事半功倍。如果这么说，所谓的工作能力，除了专业技能外主要就是沟通能力，但这恰恰是我的短板，这样的我果然还是更适合一个人琢磨的工作……

反省自己的一天，为自己的社会适应性之差、感官之"敏锐"、心思之重感到担忧。

我好累，但又觉得疲惫都是自找的……

怨我喽？

我要和咨询师聊聊这件事。

所以我好羡慕那些"皮实""钝感"的人啊。

怎么讲？

和他们相比，我好像很容易受到刺激。声音啦、气味啦，各种生活中的细节，还总喜欢想东想西，每天都搞得神经兮兮的。

虽然我也不想，但就是无法忽视那些信息和感受。

我对很多事的忍受度比别人低，大概是“玻璃心”吧。
我觉得自己就像时刻处在危险森林中的小动物，稍有风吹草动，内心就会掀起惊涛骇浪。
吓一跳！
你好像把自己对外界的敏感归咎于自己脆弱，不过除去环境和成长因素外，也有天生敏感度较高的人，这是一种性格特质。
敏感也会天生吗？
是的，有些人天生更易受到外界刺激，而有些人天生比较钝感，接收信息和处理的方式不同，这在婴儿身上也能观察到区别。
易受刺激的宝宝
不易受刺激的宝宝

> 我好像从小就这样,不过我不喜欢这种特质,像是一种性格缺陷。

> 敏感特质的人确实会有很多烦恼,但性格特质并无优劣之分,敏感也并非一无是处。

> 还有优点?我不信,你举个例子看看。

> 比如,你曾说过和热闹的环境相比,安静更能令你放松,即使独自一人也并不感到寂寞,也许你很擅长独处。

> 不是我性格孤僻不合群吗?

> 每个人获取乐趣和能量的方式不同,有些人从与他人互动中获得乐趣和心理支持,有些人更擅长从自己的内心汲取能量。而且你也没有排斥他人,我不认为你是孤僻的。

在互动中获得乐趣　　从内心获得乐趣

> 我也喜欢和朋友在一起,只是学习别人强行社交让我感到很吃力。

> 能够自得其乐，也说明你拥有丰富的内心世界。

> 我自己一个人时也有很多可以做的事情，让我感到充实、轻松而自由。

> 没错没错。

> 还有你说自己喜欢钻牛角尖，但从我的观察来看，你其实是个喜欢深入思考问题的人，即使有时会因为思虑太多而困扰，但也许这是你进行自我探索的一部分。

> 有些时候我觉得自己心思太重，但我只是想把问题想清楚。

> 和问题表面相比，我更喜欢思考本质，只不过有时候会想歪。

> 也许你感到有压力的，其实是那些负性思考和过度反省的思维陷阱，而不是思考本身。

> 是这样的，如果不陷入负面情绪，我还是很爱思考的。

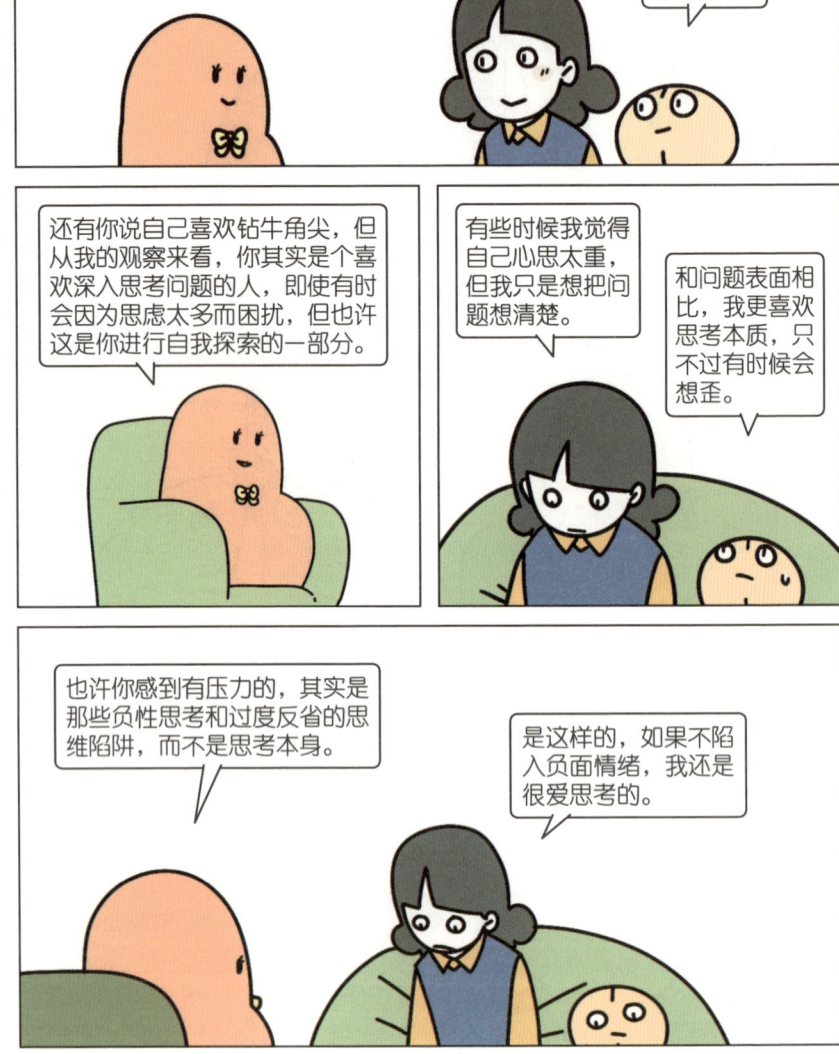

- 创造力也是思维提炼与重组的过程，是特别棒的能力。

- 不过说起思考，我觉得自己也喜欢把思考转化为创造力，写写画画，虽然我不擅长直接表达，但如果给我时间，我很愿意将问题想得更深刻。

- 创造对我来说也是表达自我的一部分。

- 还有你虽然有时容易被外界刺激，但也说明你有更强的感知力，是一个感受细腻的人。有些这种类型的人在音乐、艺术或文学作品中能品味出更深刻的情感。

- 我确实挺容易被情绪感染的，电影、音乐之类，会沉浸其中。

- 有点多愁善感。

- 从好的方面来说，只要是良性的刺激，即使是很小的细节我也能被感动到，但同样我也很容易低落。

- 好棒~ 好糟！

- 快乐和忧伤来得都快。

「总而言之,这样听你一说,敏感特质好像也不是一无是处,这些优点我以前从未注意到,光盯着麻烦了……」

「如果现在让你用这些特质换一个皮实而钝感的性格,你还换吗?」

今天我对自己好像有了新的认识。或许作为敏感特质的人确实面临很多烦恼,但更强的感知力和深入思考的能力也让我拥有了丰富的情感和内心世界,以及创造力。

「这个嘛……」

而这些能力也是构建出独特自我的来源,是我引以为傲的品质。

「我不换啦。」

敏感人士关爱指南

作为敏感人士,烦恼可能来源于外界,也可能与自身想法有关。如果长时间暴露在刺激下容易变得焦虑,甚至引发生理上的不适。所以关爱自己对这类性格特点的人来说,特别重要。

有道理,我该怎么做?

1. 了解自己的身心状况,减少过度物理刺激。

高峰通勤简直是噩梦。

我对味道很敏感,容易晕车;环境太嘈杂拥挤也会觉得烦躁。

所以我会随身携带薄荷条和耳机,在不给他人添麻烦的前提下,制造属于自己的"范围"。

2.和亲友说明情况,争取获得理解。

> 那我们去看电影吧。

> 我不太适应KTV这种很吵的地方……

3.寻找能给自己带来平静的事物,比如某个安全空间,给自己留出放松休息的时间。如果感到疲惫,要及时充电。

> 在公司,我知道一个人很少的天台,如果感到疲惫或烦躁的时候,就躲在这里休息一会儿。

> 这是恢复"气场"的时间。

> 对你来说或许平静和放松更能激发灵感,而不是压力。

> 找到适合自己的方式,不要强迫自己遵循别人的规则。

充电时间

4.由于情绪体验更深刻,积极的事物也可以让你感受更好。准备一个令自己感到愉快、放松的清单。感到焦虑时,也可以做"日常习惯",比如打扫、运动、读书……

对我来说,那是……

在晴朗的天气里散步。

> 街上的行人,穿梭的车辆,天空的小鸟和云朵……以观察者的角度去感受世界,让我有很多新的感悟。

涂鸦和手工。

> 让自己心静下来，完成后还很有成就感。

阅读、看电影和听音乐。

> 沉浸在作品带来的情绪中，有时热血沸腾，有时安静祥和。

好感动啊……

安静的工作和生活。

> 和风险协调类工作相比，我了解自己更擅长研究和创作。

> 虽然别人运筹帷幄的样子很帅，但那不是我。

> 我有一个小小的体会，对我来说，与其在自己不擅长的领域费尽心思痛苦忍耐，不如把精力放在自己更擅长的地方，在擅长的环境中更容易激发我的潜力和建立信心。

> 多去感受自己，你是最了解你自己的人。

5.在自身方面，要避免负性思维过度反省。由于感受和共情能力很强，如果用负性思维看待所察觉到的细微线索，很容易让自己陷入疲惫。不要把自己看作带来负面影响的原因。

> 她是不是生气了，难道是我刚刚说的话惹到她了？

> 她看上去心情不好，是否需要我的帮助呢？

6.或许有时仍会习惯性地想太多，但如果能意识到自己这个思维习惯的话，可以有意识地给自己叫停。

> 今天想了一天都没写出方案，我真差劲……

> 打住！又在自我攻击了。写不出方案可能有很多原因，不过我现在很疲惫，容易钻牛角尖，还是先换个心情吧。

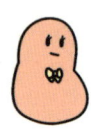

最后，最重要的一点：接纳自己，关怀自己。

> 敏感造就了独特的我，别人的方式并不一定适合我。只要我好好关爱自己，这个特质将变成我的优势。

虽然有点脆弱，但好在功能很高

> 我是魔法系的。

第四章　成长发展

莽撞地开始，拙劣地完成，
也好过宏图大志却半途而废。

不是必须填上所有坑才能前进

我们最终想要的是走得远而不是走得完美

某坑边。

这个坑好可怕。

这是我"未完事之坑"。

真不敢相信这是你亲手挖出来的。

是啊。

还不是因为你总是没干劲。

有这么大一个坑在这儿,我怎么可能有干劲!

没干劲我怎么可能把坑填上!

总有事情做得不好,总有事情没有完成,越盯着这个深坑看就越感觉会被吸进去。

都怨你!

觉得自己很失败，反而什么事情都不想做了。

哎呀！

怎么了？

救命！

她因为太不勤奋，所以坑了自己，求你让她勤奋些，救救我们吧！

怎么讲？

我因为缺乏意志力，又喜欢给自己挖坑，所以做事总是半途而废。你看，这些都是我没完成的flag（目标）。

你现在挂在这里，是在为自己挖坑不填而纠结吗？如果我帮你增强意志力，你就能填平这些坑？

我和脑子打架，结果挂在这里，不知如何是好。

……老实说这很难做到

你现在挂在这里一定很辛苦吧，满脑子想的都是这个大坑，还有力气去填坑吗？

你在替她找借口吗？

你要做的第一件事是先上来。 然后送我填坑挖掘机吗? 拉	先在这附近转一转吧。
这里满是我挖的坑,路很难走的。 不要耽误时间,快告诉我填坑的办法。 那是什么?	呃,工作总结。 做得一般般。
那个呢? ……大学的成绩。 成绩一般般。	这个呢? ……现在正在做的项目。 边做边挖坑。

来，拉上我。
干什么？
飞到上面看一下。
哇！
飞起
这里差不多了。
哇，都是我挖的坑！
真是满目疮痍的世界啊。
那个坑是什么？
小学时候没完成的作业？
这个呢？
……交了钱没有上完的英语课还是健身课？
这个呢？
……不记得了！
看来你现在并不怎么记得很久以前挖的坑了。
这么多坑我怎么可能都记得。
落地

回想当年，这些坑也曾是天大的麻烦。

没错。

虽然现在不记得那些坑，但填不上坑的愧疚感还在。

别再盯着坑了，看看坑与坑之间，你走过的这些路怎么样，正是因为这些路，我们才能站在这里。

我一直觉得，只有把坑填上，路才会好走。但是填坑好累，我的意志力又有限。

但这些路，好多都是弯路，歪歪扭扭的……

我送你个好东西吧。

终于要给我挖掘机了吗？

给你。

平衡杆。

这是什么？

也许比起总想着填坑,我更需要在"挖坑"和"向前走"中找到平衡。
毕竟,我想要的并不是一条平坦无错的路,而是能到达远处的某个地方吧。既然我那么喜欢挖坑,那不如尝试一边挖,一边往前走?

> 拿着平衡杆走走看。

小心翼翼

也许这样能令我更注意到脚下这些可以立足的地方,而不是那些让人懊悔的坑。

> 糟糕,我又挖了个新坑。

> 真有你的,拿好杆子上路吧。

而当我摇摇摆摆走过这些路之后……

那些曾经让人困扰、觉得无法填平的绝望之坑就被甩在了身后。

> 虽然是满目疮痍的世界,但我走过来了!

> 到达终点!

万岁!

走钢丝的诀窍是不要往下看。

逃避可耻但有用

"战略性逃跑"其实是为了更好地前进

以前我总是对自己社交恐惧的毛病很纠结,最近我发现自己有点进步了。

看上去很友好的人 →

你好……

虽然腿在哆嗦。

主动社交 →

还能主动和邻居寒暄。

去上班呀。

不错哦。

对啊。

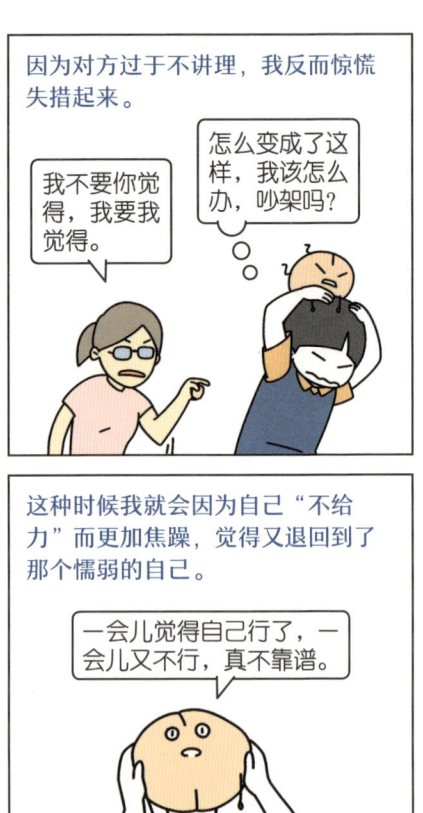

但邻居很快对我刚刚取得一点进步的社交能力发出了"致命一击"。

我怀孕了,你把Wi-Fi关掉!

啊?

因为对方过于不讲理,我反而惊慌失措起来。

我不要你觉得,我要我觉得。

怎么变成了这样,我该怎么办,吵架吗?

这种时候我就会因为自己"不给力"而更加焦躁,觉得又退回到了那个懦弱的自己。

一会儿觉得自己行了,一会儿又不行,真不靠谱。

我把这种情况告诉了咨询师。

倒不是想要"硬刚",但我希望能拥有更多面对问题的勇气。

十次里有八次也行。

你曾经做到过"迎难而上",在"逃避"和"迎难而上"时,分别是什么感受?

这个嘛……

选择"迎难而上"时倒不是觉得有信心,反而是一种"做不好也无所谓"的心态,这时就能孤注一掷去试试。

输了也无所谓!冲呀!

而退缩的时候多半因为这件事"做不好不行",我无法承受困难带来的压力和失败的后果,就会消极地缩回壳里。

厉害的对手

这个不行!赢不了会死!

所以关键是对后果有没有容错空间。

对

还有很重要的一点：和面对失败相比，我更害怕面对冲突。

不讲理的人

啧？该怎么办？

所以遇到胡搅蛮缠的人完全没辙。

不过也不得不说，选择退缩之后有种松口气的感觉，心里的一块大石头放下了。

虽然会伴随着愧疚。

所以就算是逃避也并不是一无是处。

很懦弱啊！

> 那如果不退缩，要求自己挑战那些困难的事会怎样？

> 那相当于让"战五渣"去强行挑战"高阶怪兽"，会被打得连渣都不剩，更有挫败感。

必死无疑，不跑才怪

> 看来确实有不得不退缩的时候……所以退缩也有意义，它帮你回避了危险。虽然你仍然习惯于看低自己，但你试过"出击"，仅仅这一点，我觉得就是很大的进步。

我要去见识更广阔的世界！

> 我感觉到你现在要从"新手村"毕业了。

> 我喜欢你这个"新手村"的说法。

> 进步，不一定是"勇往直前、绝不回头"，它也可以是"小心翼翼、步履蹒跚"，甚至是"走三步、退两步"。

勇往直前！

回避一下

↑这种可以 ✓   ↑这种也可以 ✓

> 方向对了就行。

> 关于你无法面对冲突的情况我们可以再讨论,但我觉得所有问题都"迎难而上"未必是唯一的解法。

> 你给"逃避"赋予了更积极的意义……

> 我不确定下一次我面对挑战时会如何选择,但为了有一天我能够做出"不逃跑"的选择,我打算永远把"撤退"放在选项中。

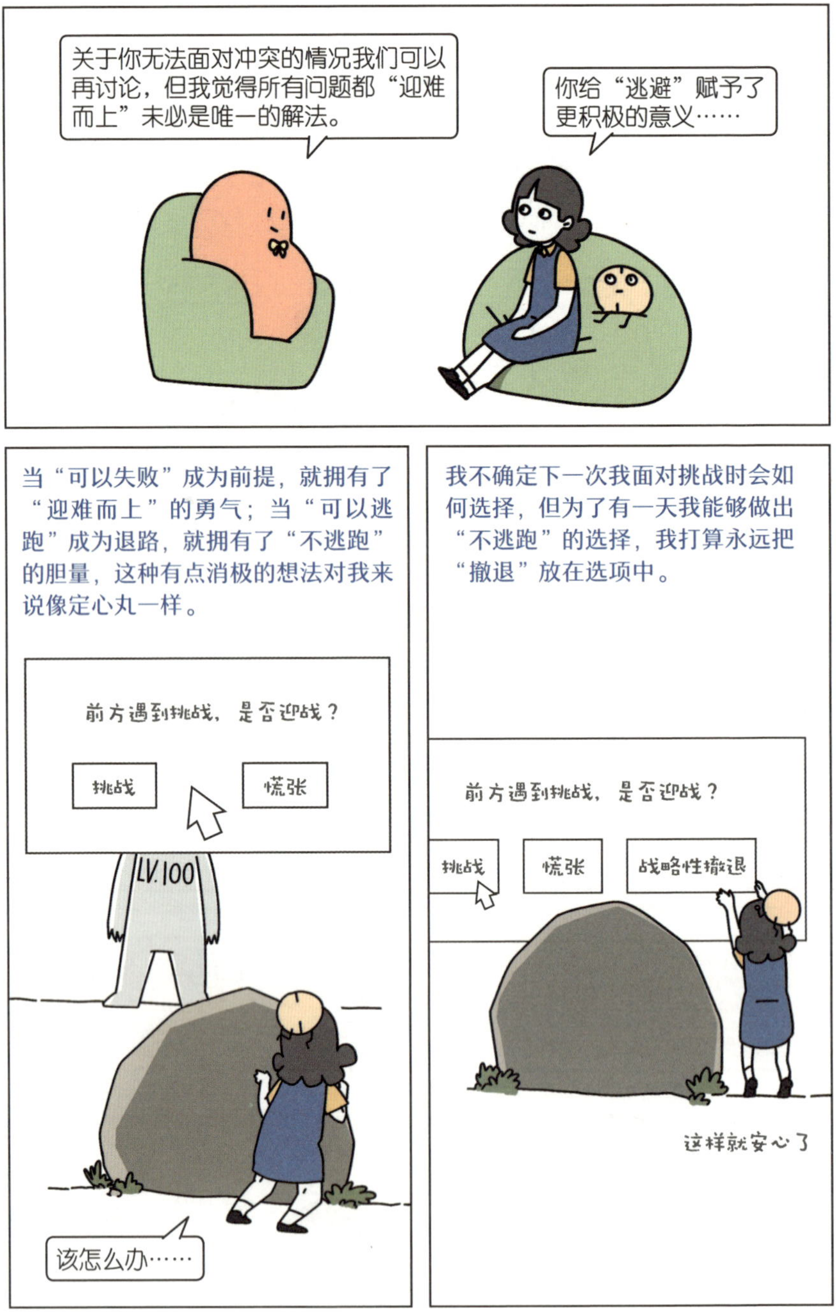

前方遇到挑战,是否迎战?
挑战 慌张 战略性撤退

这样就安心了

> 当"可以失败"成为前提,就拥有了"迎难而上"的勇气;当"可以逃跑"成为退路,就拥有了"不逃跑"的胆量,这种有点消极的想法对我来说像定心丸一样。

前方遇到挑战,是否迎战?
挑战 慌张

LV.100

该怎么办……

允许失败才能开始进步。

抱歉,我不想努力了

按照自己的节奏认真生活吧

最近我的心情很低落,回想起毕业时曾励志大展拳脚的自己,好像一点进步都没有。

啥都不想干。

每天下班到家就只想"躺平"。提到学什么新东西,总是"不忙了再说"。为此我陷入了焦虑和内疚。

收藏夹里的课程要到期了。

我累了,下次吧。

你总是这样，越是逃避越是焦虑。	和咨询师讨论一下这种状况。
我现在就很焦虑，你别说了。	我觉得自己好"废"，一点也不上进，可就是提不起干劲来。
	玩也玩不好，学也学不好。

为什么这么焦虑呢？

你知道那句话吧？"比你聪明的人比你还努力"，可我既不聪明又不努力，再这么下去迟早会被淘汰。

失业，流落街头，悔恨而死。

你觉得不努力的后果很严重。

我觉得只要原地踏步就是在浪费生命,我应该把时间多多用在"让自己变得更好"的事情上。

而不是整天想着"干饭""摸鱼"。

"变得更好"指的是什么呢?

呃……更聪明、更有钱、更漂亮、更幸福?

具体一些呢?多聪明才算聪明,多有钱、多漂亮、多幸福才够?

比如,成为某个领域的大咖,成为有钱人,像明星一样漂亮,每天都很放松,不像现在这样焦虑……

反正不是现在这样子。

你自己相信吗?

……

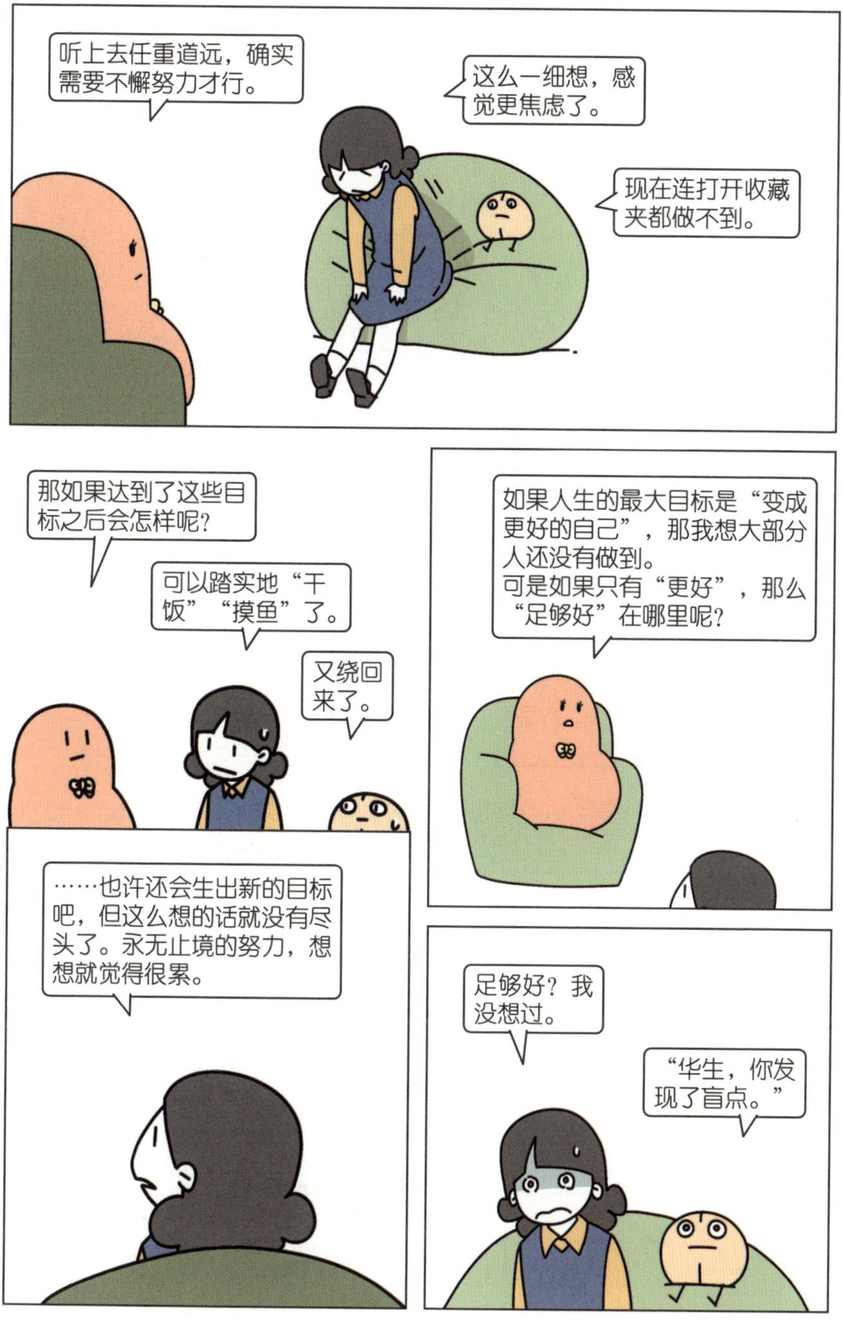
听上去任重道远，确实需要不懈努力才行。
这么一细想，感觉更焦虑了。
现在连打开收藏夹都做不到。
那如果达到了这些目标之后会怎样呢？
可以踏实地“干饭”“摸鱼”了。
又绕回来了。
……也许还会生出新的目标吧，但这么想的话就没有尽头了。永无止境的努力，想想就觉得很累。
如果人生的最大目标是“变成更好的自己”，那我想大部分人还没有做到。
可是如果只有“更好”，那么“足够好”在哪里呢？
足够好？我没想过。
“华生，你发现了盲点。”

> 这样好像会变成永远陷在自己"不够好"的状况里。

> 永远觉得自己匮乏。

> 也许我也受到了环境的影响吧。身边好像人人都焦虑,网上也总宣传"如果没有××就会怎样"和"××就差一步"之类的。

> 大家好像都被灌输了这样一个概念:这是一个残酷的世界,你不能不聪明、没有钱、不漂亮、不幸福,否则就得吃亏。

> 而你总是差点火候。

> 好像有个声音在说"你做得不够"。

> 是呀,所以我究竟是想让自己变得"更好",还是仅仅通过"努力的样子"来填补自己的匮乏感呢?

> 这些焦虑和慌张究竟来自哪里?

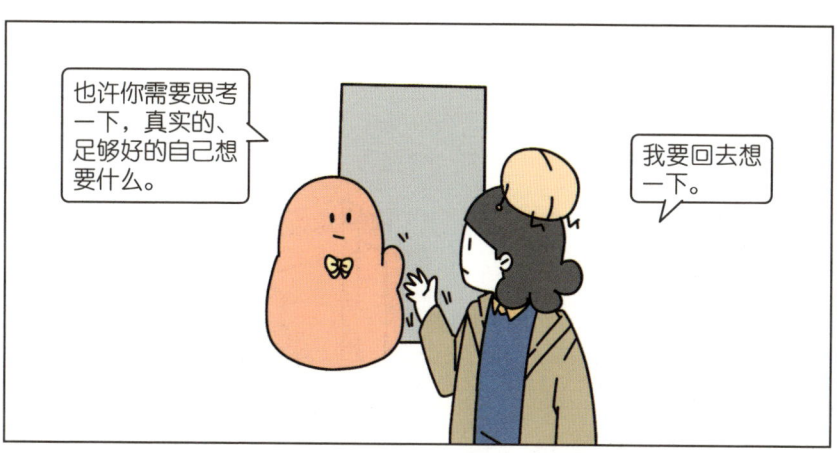

也许你需要思考一下,真实的、足够好的自己想要什么。

我要回去想一下。

也许我并不是不想努力,而是害怕那种匮乏感。而此时此刻的我,不是平庸的,也不是条无可救药的"咸鱼"。

手快有,手慢无

学会这种思维,你就超越了99%的人

干货!月入10万不是梦

没有丑女人,只有懒女人

缺少这种意识,注定人生碌碌无为

0基础入门,三天10万+

职场人必看

虽然我离目标还很远,但只要认真生活、自我照顾,我就有权理直气壮地度过每一天。

按照自己的节奏努力吧。

休息,休息一下。

成为"不讲道理"的人后,我快乐多了

自洽的前提是,接受"复杂且变化中的自己"

最近新闻中一个年轻人因为始终无法找到心仪的工作而轻生,幸好抢救及时脱离了危险。大家讨论时觉得他太脆弱,明明有很多办法可以解决。

> 可以多投投简历啊。
> 也可以去学习精进自己嘛。
> 何必想不开。
> ……

但有时我会想,那个年轻人,真的不懂这些"让自己变好的办法"吗?我也有很多"想不开",任别人怎么开导都无济于事。

> 我能明白他的感受……

比如，当我因为某事陷入情绪无法自拔时，

别为这种事生气，不值当。

我知道，可我就是生气！

或者感到抑郁时，

……

别唉声叹气的，去运动一下。

可别说运动，有时就连下床都困难。我就像那句台词说的一样："道理我都懂，可依然过不好这一生。"

脑子，你就不能振作些吗……

我打不起精神。

我和咨询师讨论了这个问题。

有时候并不是不知道该怎么做，但就是无法行动。

那是怎样的感觉？

感到很无力，好像我的"想法"和"行为"间有什么阻隔着。

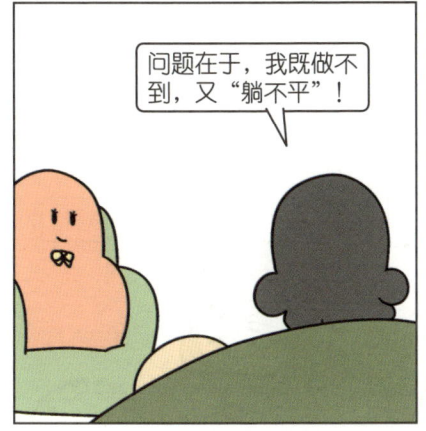

像是"被卡在中间"的感觉。	有时我想"躺平"算了,不然呢? 但是又无法坦然接受自己是个"失败者"。

问题在于,我既做不到,又"躺不平"!

但是将自己划分为"没做到有问题""做到了才没问题"(包括对自己"躺平"的要求),把人生描述为两种极化形态,似乎又有点简单。

你是指缺少了中间的余地吗?

可我觉得那种"差不多"的状态不行。

比如，在无法行动时，你是否常常使用“责备”来忽略自己的感受？
如此不争气的自己，肯定是要骂的。
那我的委屈、厌烦、愤怒、不甘心和无力感，你有注意到吗？
……你有这么多想法啊？
那当然了。
不过我好像有点明白了，对我来说，感受才是更真实的东西。
虽然人们总觉得道理大于感受，但有时在主观世界，感受决定行为。仅仅知道道理，很难像开锁一样解决问题。
我心情不好就不愿意做，这倒是真的。

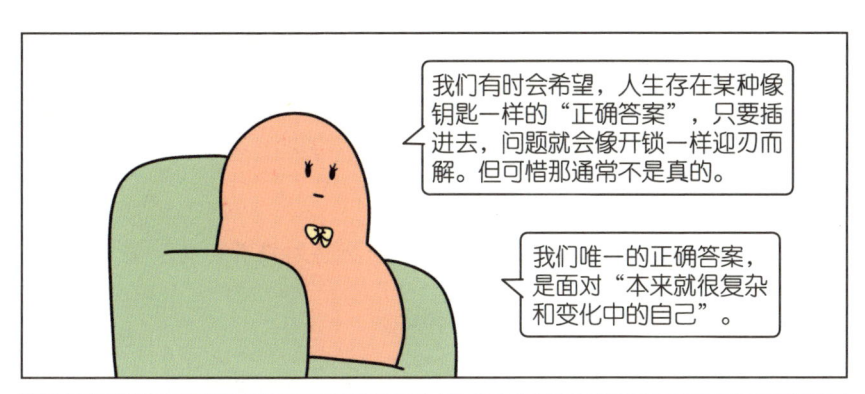

"我们有时会希望,人生存在某种像钥匙一样的"正确答案",只要插进去,问题就会像开锁一样迎刃而解。但可惜那通常不是真的。"

"我们唯一的正确答案,是面对"本来就很复杂和变化中的自己"。"

"所以不如我们聊聊,上次无法行动时,你的感受是什么。"

"呃……这好像有点复杂。我要整理一下才能回答。"

"你应该好好关心我。"

"没关系,也许先试着给"当时的"自己写封信?"

"可以试试。"

回家后,我给自己写了一封信。

给"道理都懂,但依然过不好这一生"的毛毛毛和脑子:

你好。

我知道你总因为自己做得不好而感到痛苦,你一直想要做好,包括接纳自己这件事。

但人生的困境很难因为几句道理就迎刃而解,我们缺的并不是让自己明白更多道理(你已经是"理论大师"了,哈哈),而是好好体察自己的情绪。

就像咨询师总对你说的,不要回避和判断感受,跟随它,把它当作了解自己的线索,不要害怕真相。

祝你"无论懂不懂得道理,都能过好这一生"的

毛毛毛和脑子

也许当别人陷入困境时,我们也可以多关心他的情绪。

别讲大道理。

停止我和脑子的内在"战争"

长期"精神内耗",该如何放过自己

我的脑子是个很讨厌的家伙。因为它在我说话的时候经常打断我。

> 接下来我要介绍一下……

> 要卡壳了要卡壳了要卡壳了!

恶意揣摩我的心思。

> 我觉得您说得非常有道理!

> 你怎么如此虚伪。

给我浇冷水。

> 只要我努力的话一定行……

> 那可不一定。

还总是批评我。

……

你这样浑浑噩噩，最终会一事无成。

揪

你为什么总是跟我作对，让我难受？

我说得难道不对吗？

用力捏

心理学认为，我是你内化的父母，过往的养育模式造就了我现在的样子，当他们不在身边时，就由我来管教你。

我不想知道这些！

我只好找来咨询师,请她来评理。

今天的氛围好像有些不同呀。

哼。

我们在吵架。

我常常跟脑子陷入拉锯战,做事前要思想斗争半天,和这家伙互搏。

我想得多些是为了你好。

真遇到困难的时候,你就会知道忠言逆耳。

可也别总往坏处想啊。

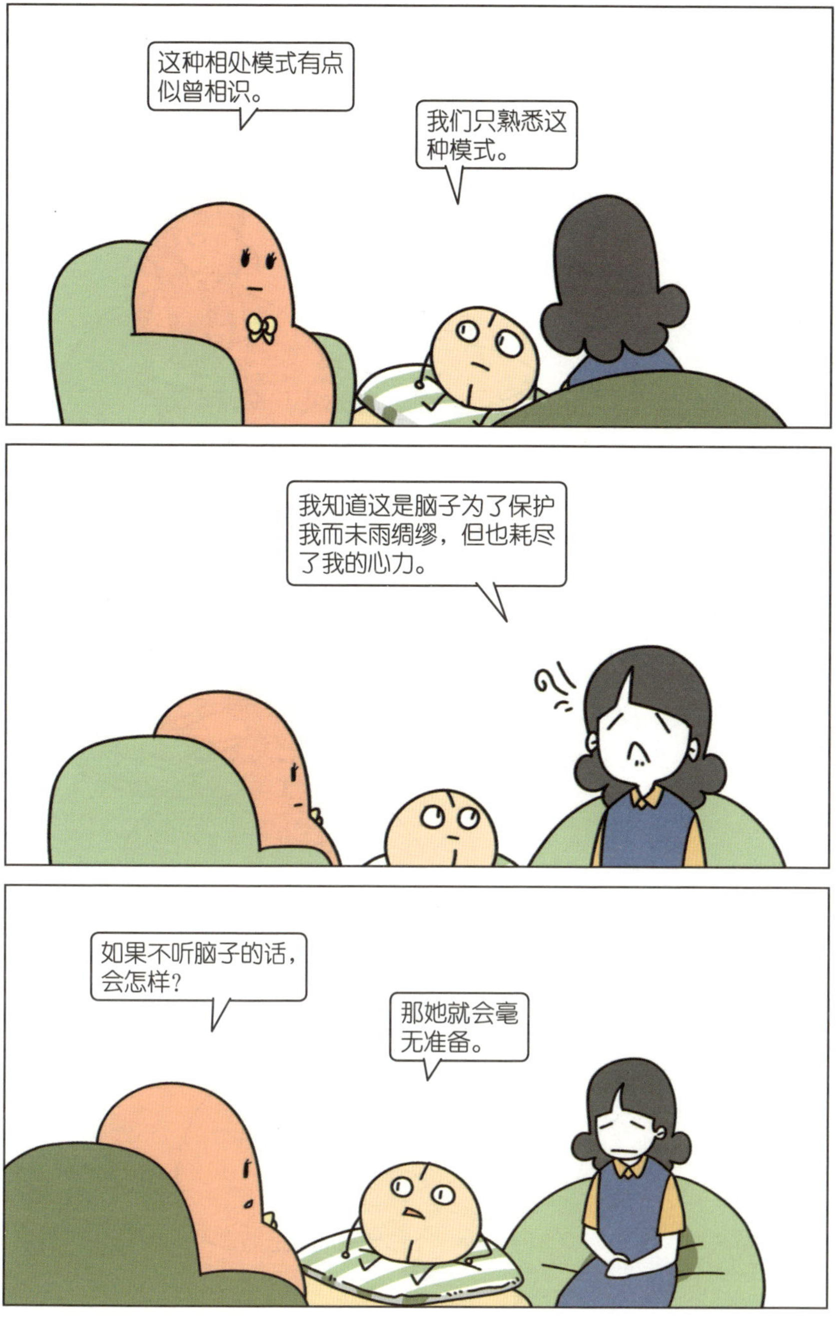
这种相处模式有点似曾相识。
我们只熟悉这种模式。
我知道这是脑子为了保护我而未雨绸缪，但也耗尽了我的心力。
如果不听脑子的话，会怎样？
那她就会毫无准备。

遇到问题，你再想办法解决呢？
……到时候就晚了。

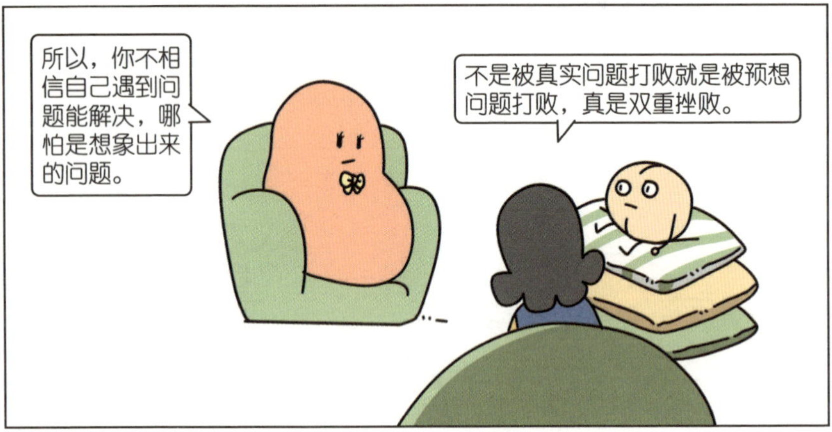
所以，你不相信自己遇到问题能解决，哪怕是想象出来的问题。
不是被真实问题打败就是被预想问题打败，真是双重挫败。

还不是因为你太弱了！
都是你的错！
打起来

唉，究竟要怎么办才好呢…… 我只是觉得，你可能无法承受失败。	或许由我来替你预设些障碍，这样我们就能顺理成章地逃避了。

你是这样想的？

我知道你害怕失败。

但是有些事我真的很想做。即使会失败，我也不希望先被自己打败。

像是"输给了自己"的感觉。

听上去你好像陷入了"脑子觉得不行"和"自己想去尝试"的矛盾。

关于"害怕失败"我们可以再深入讨论。但对于想改变"精神内耗"的思维方式,可能需要你和脑子更多的合作。

怎么合作?

首先,我认为深思熟虑是一种优势,能够让你看到潜在风险。但除了风险之外,也应该看到自己想要做某事的初心。

我的真实渴望……

而脑子除了评估风险,更主要的是和你一起把精力放在面对真实问题上。即使遇到问题无法解决的时候,也要尽力避免负面自我评价带来新的内耗。

世界已经如此艰难……

……就不要再难为自己了。

咨询结束了。

下次见。

是这样吗?

"我都是为了你好""我早就说过",我们不是最讨厌别人这么说吗?

但即使有些事真的会失败,我也希望能够听到自己的声音。

如果我们一起努力的话,或许能够改变些什么……

……

也许脑子里住着一个吹毛求疵的人,但我也可以尝试把它换成一个温柔的朋友。

我知道了,我们一起面对。

无论如何，我和脑子是一个团队。

生活是场考试，即使挂科，我也不想挂在去考场的路上。

知道啦。

第一届脑子与我停战协议签订会

我焦虑，所以我拖延；我拖延，所以更焦虑

莽撞地开始也可以

之前，我和咨询师说过，想按照自己的节奏努力。

我现在有1小时来做这件5分钟就能完成的事情。

下周再做怎么样？

OK！

但是我的节奏就是没有节奏。

月底要交报告，每天写一点，月底正好完成。

计划表

可以。

月底
实际安排
啊啊啊啊啊啊！！！！
说什么自己的节奏，你根本不会努力吧！
你自己想偷懒，我真的觉得很累！
和咨询师谈谈。
拖延症，不死的绝症！患者最终会一事无成，在无尽的悔恨中荒废一生！
……
救救我，我还不想荒废一生！

| 对你来说，实际行动和预期好像有很大差别。 | 是的，虽然列了计划，但毫无意义。 |

有截止日期姑且能被逼着草草做完，没有的话经常半途而废。

草草完成也是一种完成。

那是应付，我明明有机会做得更好，却因为懒惰……

一定是得了"懒癌"。

你觉得懒惰是拖延的主要原因吗？

也不能这么说，毕竟你可是宁愿打扫房间，也不愿意干正事。

是吧，经常找辙打岔、看手机、吃零食……

至少打扫不用动脑子……一做正事就头疼的不是你吗?

行吧,赖我。

所以完成正事对你来说其实很痛苦,那些拖延是帮助自己回避痛苦。

可以这样说吧,但是理智告诉我这样不行。

这样不行。

只是遇到困难时,那个理智的声音微乎其微,而情感在大喊——

"臣妾做不到啊!"

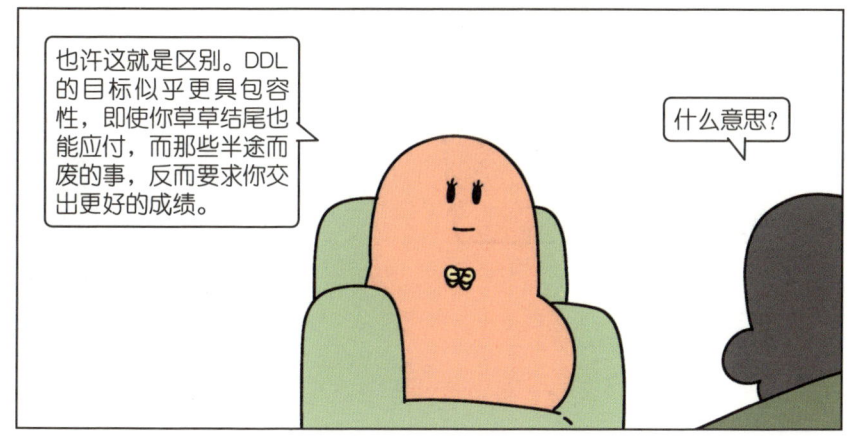

> 听上去像是理智与情感的较量,理智总是输,它的要求还令你痛苦。

> 对,但其实偷懒并不能真的让我开心。

> 一边"摸鱼",一边焦虑。

> 真羡慕那些自控力强的人啊,他们是怎么坚持下来的呢?

> 也许对他们而言做事并不是那么痛苦,或者有足够的动力克服困难。对你来说,就像DDL(deadline的缩写,指截止日期),至少逼着你完成。

> 确实,DDL也算是种动力吧。

> 也许这就是区别。DDL的目标似乎更具包容性,即使你草草结尾也能应付,而那些半途而废的事,反而要求你交出更好的成绩。

> 什么意思?

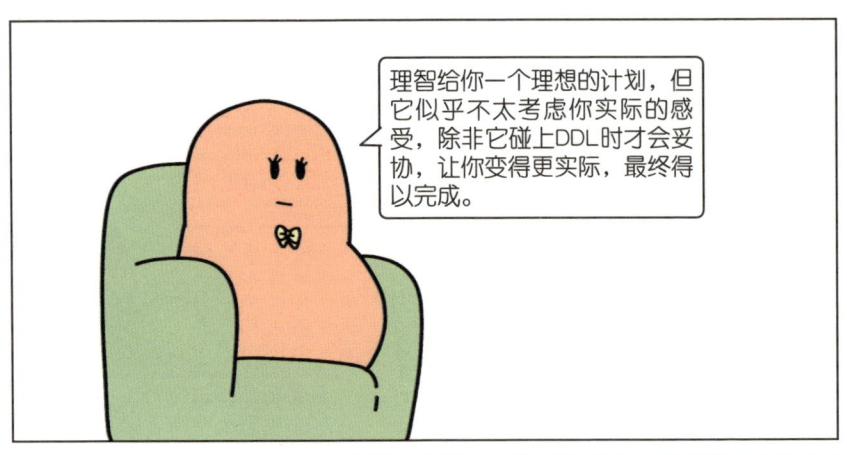

理智给你一个理想的计划，但它似乎不太考虑你实际的感受，除非它碰上DDL时才会妥协，让你变得更实际，最终得以完成。

而没有DDL，它就永远不会妥协，毕竟它是"正确的"，于是理智和情感发生了冲突，互不退让，你处理不了，最终逃避了。

有道理。所以我既焦虑，又没动力。

如何让它们不打架？

> 你总是在反思自己的行为，但除了关注自己的状态，或许也应该考虑理智给出的目标是否真的足够"理性"。

> 这个说法有意思，足够理性应该是能结合实际情况的判断。

> 所以关键不是你无法做什么事情，而是"必须××，才能××"这个想法。或许战胜拖延并不是要按照某种规则行事才算合格，你需要考虑的是如何开始而非（完美地）完成。

> 一个开始接着一个开始，累加起来，就能够完成。

> 莽撞地开始，拙劣地完成，也好过宏图大志却半途而废。

赶工可耻但有用

"丧"也拥有独特的价值

防御性悲观：带好救生衣上船

最近我打算参加公司的岗位竞聘。

这个岗位不错。

你想去吗？

但是你没有经验，也不清楚状况。

也是。

万一实际工作和预想不同，或者压力很大怎么办。

确实……

还有新的人际问题，你行吗？

……

越想越"丧"。

唉……我不想去了。

我将事情告诉了咨询师。

这家伙太"丧"了,好好的事,总被它浇冷水。

我只是替你想了最坏的情况而已。

你怎么总是那么悲观,乐观点不行吗?

不切实际的期待只会带来麻烦!

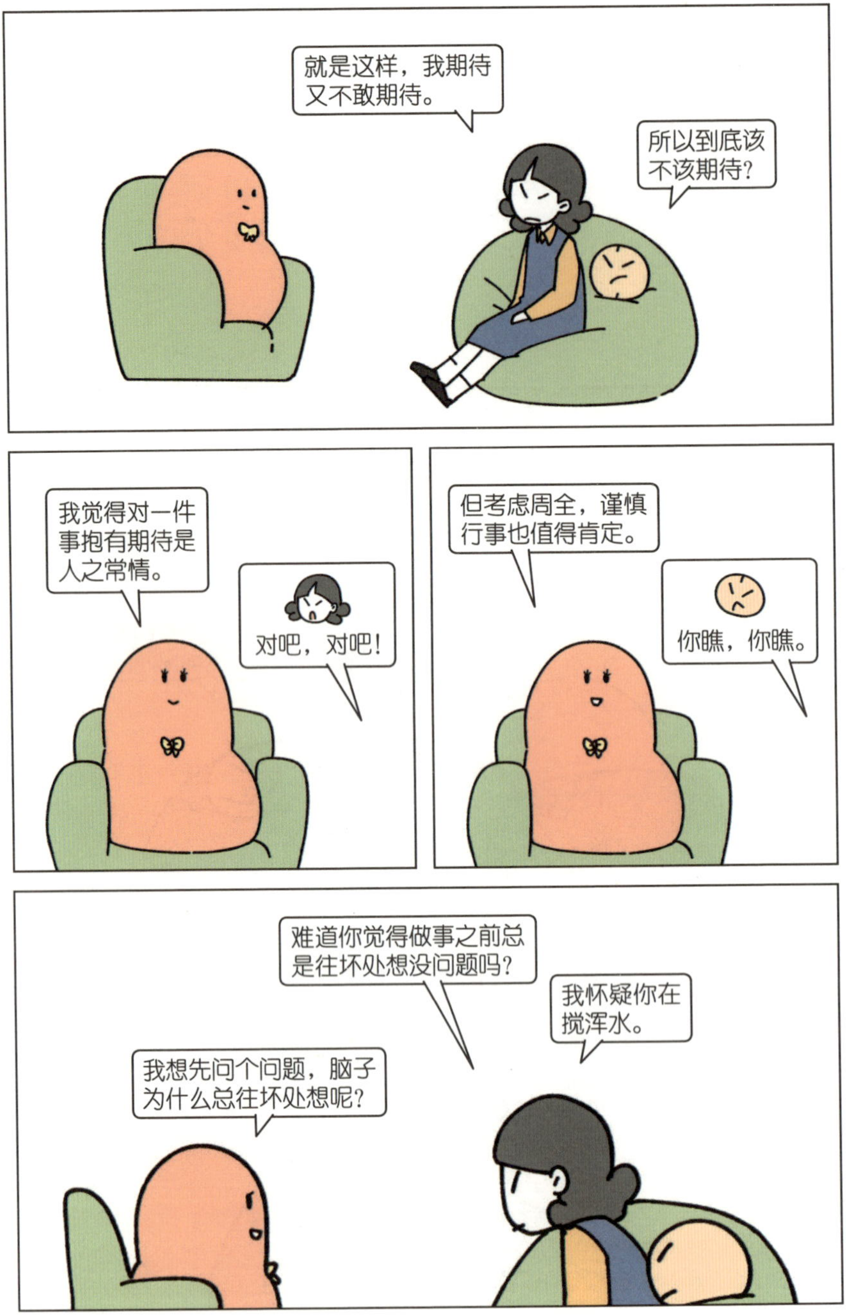
就是这样，我期待又不敢期待。
所以到底该不该期待？
我觉得对一件事抱有期待是人之常情。
对吧，对吧！
但考虑周全，谨慎行事也值得肯定。
你瞧，你瞧。
难道你觉得做事之前总是往坏处想没问题吗？
我怀疑你在搅浑水。
我想先问个问题，脑子为什么总往坏处想呢？

你怕希望落空,所以禁止我怀有期待?

你听说过那句话吧,"爬得越高,摔得越疼",当结果不如预期时,失望也是加倍的。

你的期望是没理由的,你要是很厉害,另当别论。

呃……

那脑子所想的"坏事"有哪些呢?

预想的各种困难啦,我的不足啦,反正是觉得我不会成功。

差不多吧。

为什么会想这些呢?

……没法反驳。	因为这个家伙遇到突发状况容易"抓狂"。
	所以我给你预演一下,这样它真的发生时,也不过是预料之中。

在预料之中会怎样呢?

更有控制感,即使不那么乐观,但至少有种"被安排得明明白白"的踏实感。

所以听上去脑子的"往坏处想"是有功能的。

这是我抵御焦虑的一种方法。

> 所以那些消极的预测，如果你愿意，或许可以做点什么来预防。

> 如果悲观的预测能为你减轻焦虑，并采取防范措施，也是一种成功的应对策略。

> 这或许可以称之为"防御性悲观"。它包括悲观的预期、心理演练、制订计划和付诸行动。

> 如果它让你能做好充足准备来应对可预见的困境，也没什么不好。

> 我明白了，可是一天到晚总是"丧丧"的，又有点讨厌……

> 是的，这就是需要注意的地方。过度给自己设下失败的暗示，无论大小，事事陷在悲观念头里，也很耗费心力，让人丧失信心，反而限制了行动。

之后，我和脑子达成了共识，它帮我冷静思考，我负责付诸行动。

> 就是这个意思，深思熟虑没问题，但总是浇冷水否定我可不行。

降低期望，只是我管理焦虑、增加掌控感的一种策略。

> 原来错怪你了。

> 你可算懂了。

但关键是不要被"负面想法"困住，悲观的预测仅仅是一种可能性，并非结果的定局。

> 如果我们准备得足够充分，就有胜算。

所谓"尽人事，安天命"大概就是这个意思吧。

> 有时也需要孤注一掷。

最终参加了竞聘

就算失败我也能接受哦。

所谓"坏事",或许只是多了一层负面滤镜

自证预言:打破预先设置的"自我困境"

最近,我们组调来一位主管,之前我曾经跟他有些小摩擦。

> ……

> 这个问题是B组数据造成的……

B组组长 →

他来之后,给我布置了很多工作。

> 毛毛毛,你把这几个项目整理一下吧。

但我敢怒不敢言，只好默默承受。

这些项目不是我在跟，干吗让我整理啊？

难道是……

报复！

真的吗？！

这么一想，就越看越像。

我以前都这么写啊。

是报复！

这个报告不能这么写，重新调整一下吧。

早上好……

是报复！

快步走过

> 你这桌子太乱了，收一下吧。

> 是报复！

咨询室。

> 我被主管针对了！

> 我明明这么人畜无害！

> 什么情况？

我将来龙去脉和自己的观察告诉了咨询师。

> 一定是我之前得罪了他。

> 我从蛛丝马迹里分析得来的。

那这个人对其他人的态度是怎样的？
我上次还看他和别人有说有笑的。
就对我这么严厉！

也许谈起其他话题，你也可以和他有说有笑？
不可能！

为什么不可能？
我不敢啊，我也不知道要说什么。
我觉得他不会理我。

> 那和他反映一下工作过量的问题可以吗?

> 没用的,如果他有意为难,这就是他的目的。

> 不能反映问题,也不能尝试新的态度,那是否有新的出路?

> 没有啊!所以我很绝望,无能为力。

> 如果我忍受不了,就会爆发!

> 我好像总是遇人不淑呢。

> 都是因为性格软弱,才总被人拿捏!

以你的观察，或许他确实在为难你，但判断一个人是否真的有问题，也许并非简单的事。

你是说我错怪了他？难道那些证据还不够吗？

如果为了证明某个想法，这些证据是足够的。

什么意思？

这有点像"自证预言"，你的想法会影响你的行动，行动导致的结果最终验证了想法。

你是说我不这么想，他的态度难道会变吗？

详细说说。

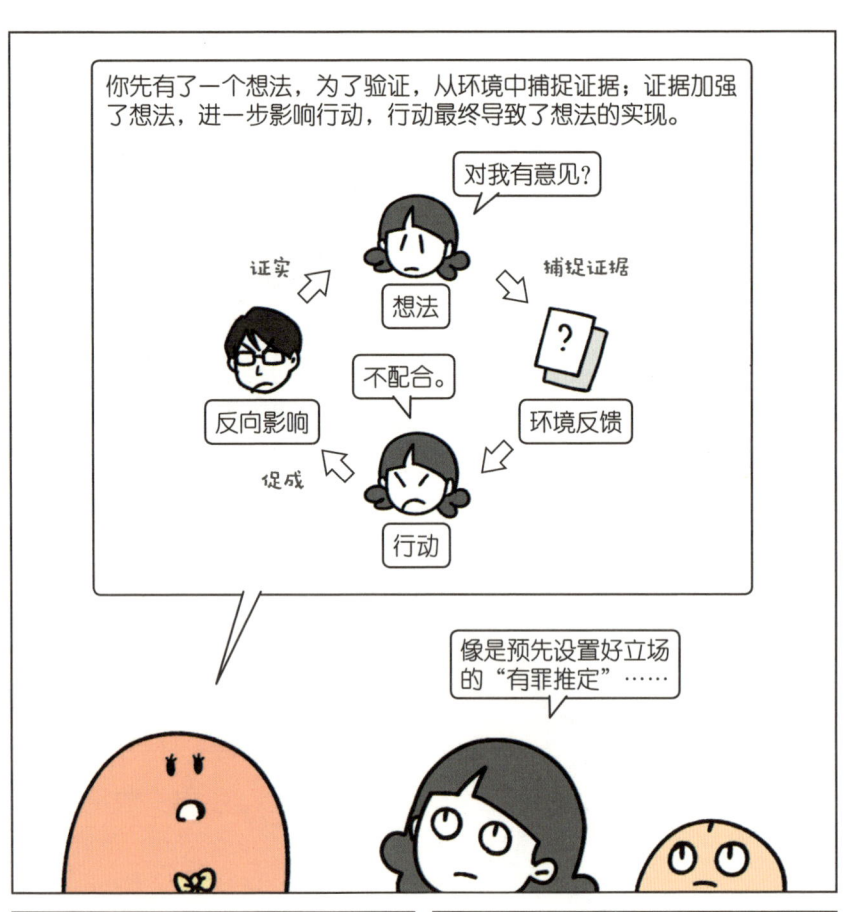

你先有了一个想法，为了验证，从环境中捕捉证据；证据加强了想法，进一步影响行动，行动最终导致了想法的实现。

对我有意见？
证实
想法
捕捉证据
反向影响
不配合。
环境反馈
促成
行动

像是预先设置好立场的"有罪推定"……

可如何打破这个循环？

有些想法可能会对自己形成心理暗示，变得过分解读周围环境，尝试对环境脱敏，也可以让自己从新的视角重新审视。

> 所以对于想法，更需要打破之前的行为模式，用实际行动来验证真实性。

> 让我试试吧。

第二天，我打算按咨询师所说，尝试打破自己设下的"魔咒"。

> 虽然还不能确定他是不是真的为难我。

> 但总得试了才知道。

> 那个，最近给我的工作太多了，其实有很多项目不是我负责……

扭捏

> 这样啊，那我重新分配一下吧。

就这么简单？

浪费感情了。

第五章　自我重构

世界上只有一种英雄主义，
那就是在认清生活的本质后，
依然热爱生活。

一上班就浑身难受

感到"工作没意义",也许是变好的开始

出现的征兆都是些小事。那天到了下班时间,领导"又双叒叕"开起了会。

你没家吗?

看来又要加班,先把外卖点上吧。

加班换的钱用来吃垃圾食品加倍消耗生命,你这是为什么呢……

算了。

这不过是平凡的日常。然而那一刻，一个想法出现在我的脑中——

这一切都有什么意义？

一旦开始思考这个问题，我就觉得更累了。

……

再不起床就迟到了……

想起未来几十年我都要过这样的生活，我就提不起劲来。这就是我的人生吗？

唉……

拜访了咨询师。

今天预约的时间提前了,发生了什么事吗?

我遇到了人生危机。

是工作。只是想到每天我不得不一直沉浸在痛苦中,就觉得没意义,生命被浪费了。

为什么说没有意义呢?

对老板有意义，对我没有。我只是一个完成任务的工具，为此还要搭上健康和快乐，如果我哪天干不动了，也马上会有人替代。

听上去你付出了很多，但个人的意志却被忽略了。

嗯，我也知道工作是一种交换，拿钱做事，哪有那么多称心如意。

赚钱是一方面，但工作有时也为个人价值和自我认同提供支持，对你来说似乎它不足以支持心理的需要。

是的。但感受不到自我价值，也可能是因为对工作"没有胜任感"。

这是什么情况呢？

简单来说就是把控不住。我现在的工作很重视的一些技能，比如社交技巧，我真的不擅长，和我的性格有冲突。

当时是阴差阳错来的这家公司

所以我感到很挫败。对别人来说不难的事，我总不得要领……很难不怀疑是不是自己有问题。

但是我又想起你曾经说过"性格特质没有好坏"，也许我只是不适合。我还有其他优点，只是现在的工作总让我看到自己的缺点，才导致我越来越没信心。

你能接纳自己的局限，也是一种进步。

稍微放过自己吧，我是个不完美的人。

所以你总是在应付不擅长的事，却得不到和付出相应的正面反馈，这的确会让人感到沮丧和挫败。

再加上又有很多无法掌控的事情，难以感受到自我的价值，这些压力积累在一起，才让你怀疑自己的付出是否有意义。

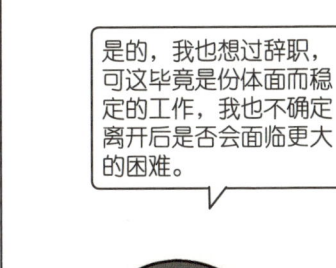

是的,我也想过辞职,可这毕竟是份体面而稳定的工作,我也不确定离开后是否会面临更大的困难。

是否辞职我们可以另议,但你现在或许有些职业倦怠,你所感受到的这些,也许是身体在告诉你需要休息和调整。

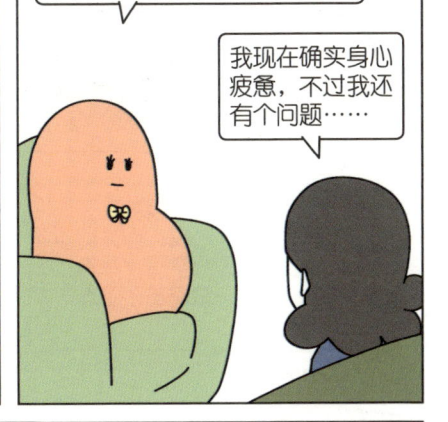

我现在确实身心疲惫,不过我还有个问题……

你刚刚说我在工作中无法找到自我价值,这让我感到沮丧,确实如此。

或许我的问题就是试图在工作中寻找价值,也许我该把它仅仅当作赚钱的工具吗?

这个问题没有标准答案,但关键是,你是怎么想的呢?

如果工作的意义仅仅是为了赚钱,重点就变成如何让劳动的性价比更高,那单位时间内赚更多的钱可能就是最终答案。

不过工作没了积极性,做起来也许更加枯燥,而一旦钱不到位,就更难以忍耐了。

确实如此,不过如果目前在工作方面很难握有主动权,也许可以给生活留出更大的空间,毕竟工作只是一部分,掌控不了工作,还可以掌控生活。

也是一种选择。

咨询结束了,有些事我还没有想明白。

我在思考更重要的事。

你今天都没有插嘴。

我可以休假,可以更重视生活,甚至可以辞职,但我仍然不知道未来的方向。以后遇到困难,我们可能还会面临同样的困扰。

扒下来

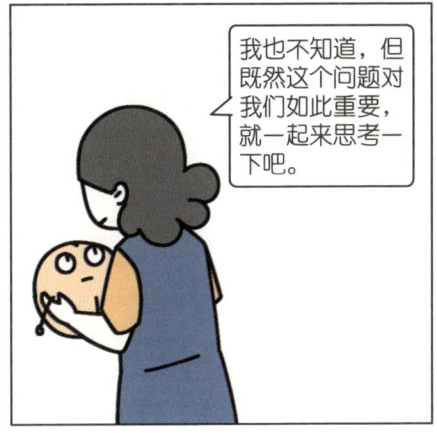

我也不知道，但既然这个问题对我们如此重要，就一起来思考一下吧。

先去吃点薯条吧。

"我的理想生活"真的理想吗

有了觉察,才可能打破循环

我听从咨询师的建议,暂时请假休息了一段时间。

真惬意啊……

这样晒晒太阳,饿了就吃,困了就睡,感觉连呼吸都通畅了,这才是我的理想生活啊。

你还有3天假期。

真煞风景。

让我猜猜你的理想生活是什么样的。

毛毛毛之理想生活（非现实版）

只做喜欢的事，毫不在意他人评价。

玩去喽！

不用被迫社交。

拜拜！

拥有足够的金钱，不用忍耐不情愿的事。

略略略……

就是这样，很简单吧？

只要我能中张彩票……不，两张彩票，这一切就能……

现实点。

我懂了，一切都是钱的问题。有了钱，我现在的困扰就通通不重要了。

原来如此，都是因为太穷，我才有烦恼。

可是想用钱来逃避困扰，归根结底是有些事我们处理不了。

说得没错啊。

比如不想在意评价，其实是因为我太在意他人评价了。

别人不喜欢怎么办？

才会需要一个更有力的支持（超有钱），来安慰自己不必受人影响。

害怕社交，因为内心敏感，他人的反应时刻影响着自己的情绪……

小心翼翼……

无法接受他人对自己有意见……

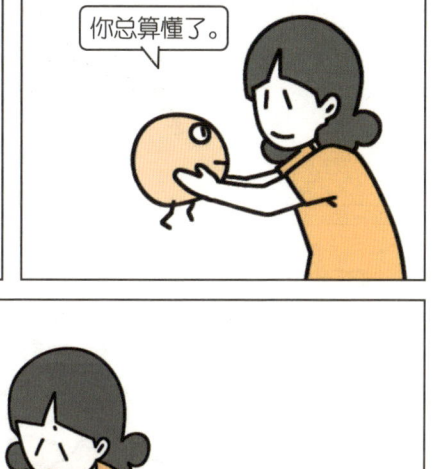

不愿做困难的事，有一部分原因是我过于担心失败，不能接受自己有失败的可能。

好难啊！

与其可能失败，还不如不做。

唉，以前只觉得自己讨厌这个，讨厌那个，看来"讨厌"也是有理由的。

咨询师说，有了觉察，才可能打破循环。

我觉得现在比以前更了解自己了，你不光只是一个跟我唱反调的家伙。

你总算懂了。

可是即使如此，我仍然不擅长做事。遇到问题还是会"抓狂"、犯傻、害怕……

让想法落实在行动上，还是有一些差距的……

是啊,毕竟我们的生活方式(包括思考方式和处事方式)与社会要求仍然有不匹配的地方,这给我们造成了实际困扰,只要我们还受规则的约束,就不得不面对这些不适。

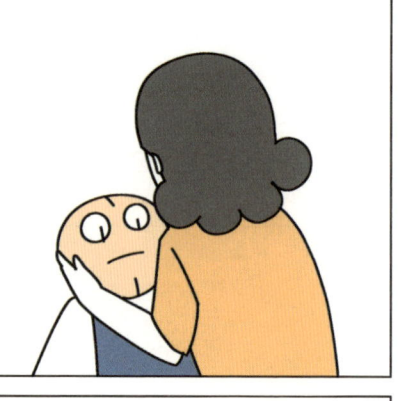

所以所谓的"变好",要不就是改变自己,让自己更适应社会,要不就是接纳自己的不适应。

都很难啊!

算了!什么适应不适应的,只要我们有了钱,就不用适应了!

只要有了钱就能随心所欲了吗?

难道不是吗?!

不需要他人认同,也许会变得顽固、故步自封。

> 我有个想法……

> 不听!

面对困难,更容易放弃。

> 算了,反正做不下去也没事。

性格也变得越来越孤僻。

> 烦死了,我走。

> 可能会变成这样……

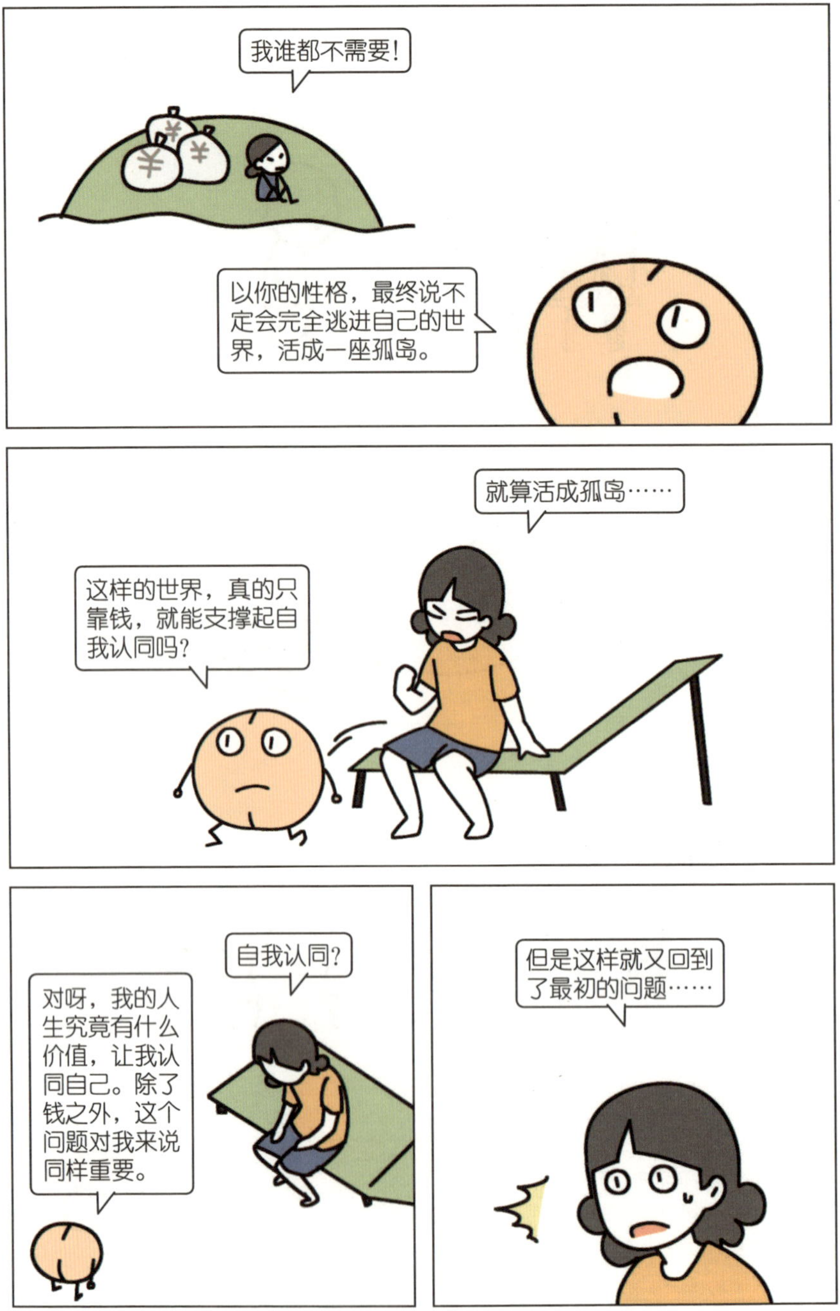
我谁都不需要！
以你的性格，最终说不定会完全逃进自己的世界，活成一座孤岛。
就算活成孤岛……
这样的世界，真的只靠钱，就能支撑起自我认同吗？
自我认同？
对呀，我的人生究竟有什么价值，让我认同自己。除了钱之外，这个问题对我来说同样重要。
但是这样就又回到了最初的问题……

我想要活得更自在，但人生只能去追求目标，不断面对一个又一个困难吗？如果我的生活没有目标，或者我始终无法获得成功，那我的人生永远不会变好了吗？
永远在困境中，我的人生到底有什么意义？
挑战
人生意义
责任
啊！
困境
痛苦
他人
自我
人情世故
生活目标
自我价值
敏感
认同感
社会价值

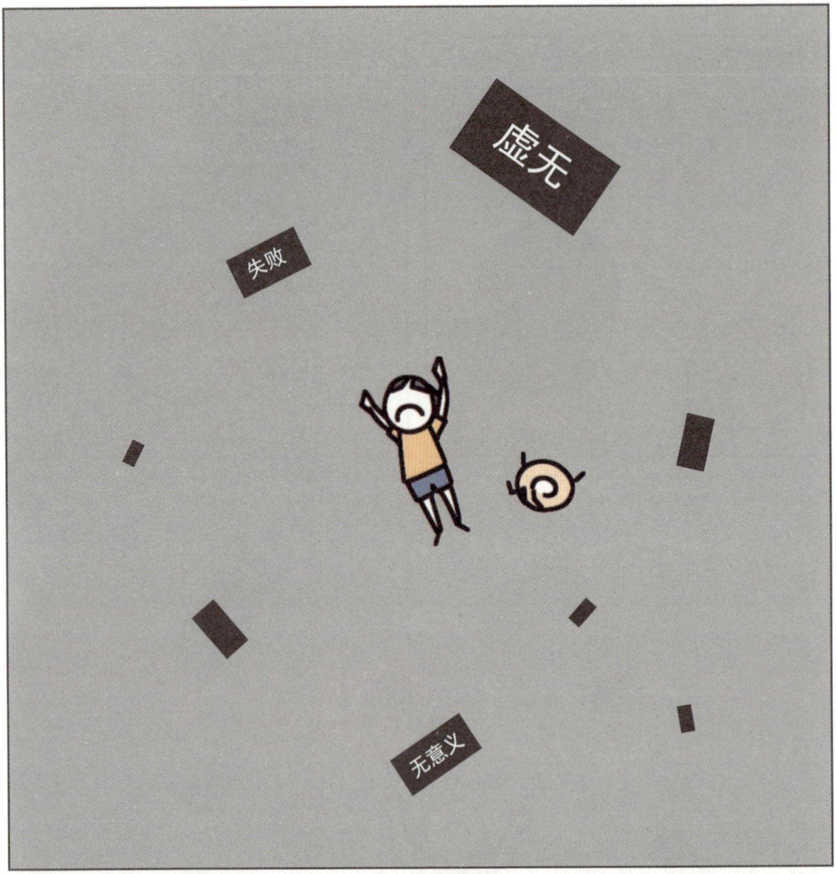
虚无
失败
无意义

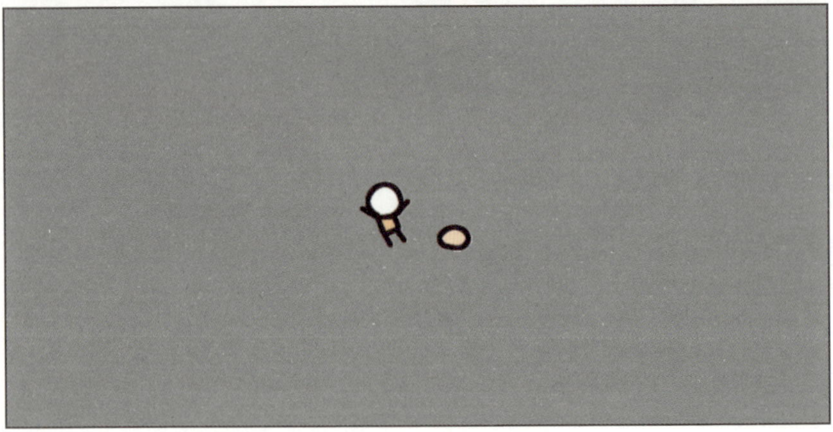

人生其实无意义

正因为如此，它的意义可以是万般样子

幼年的时候，成为乖巧的孩子，得到父母的喜欢是我的人生意义。

上学的时候，获得优秀成绩，让老师夸奖是我的人生意义。

工作后，获得老板认可，尽可能赚钱是我的人生意义。

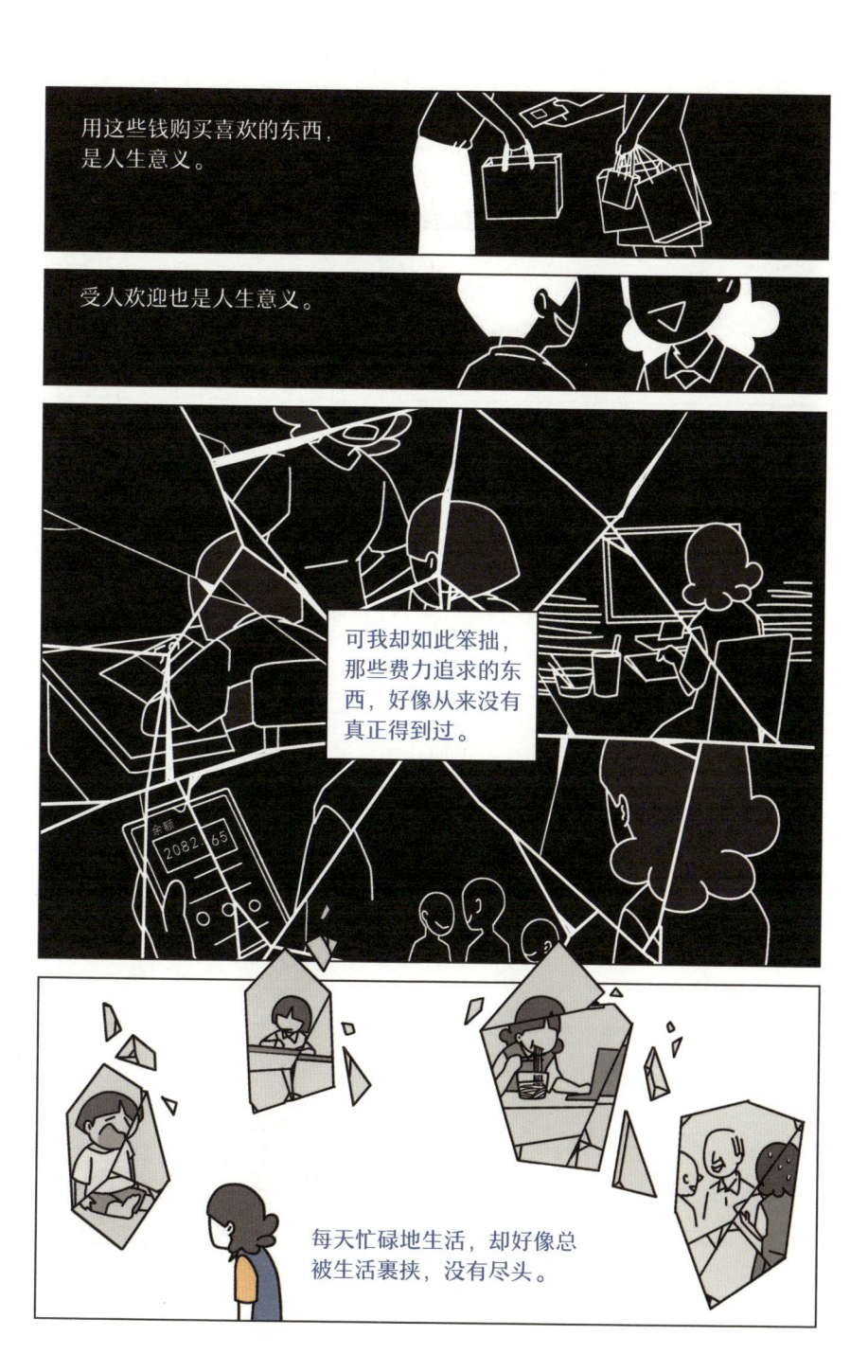

用这些钱购买喜欢的东西，是人生意义。

受人欢迎也是人生意义。

可我却如此笨拙，那些费力追求的东西，好像从来没有真正得到过。

每天忙碌地生活，却好像总被生活裹挟，没有尽头。

这样的生活有什么意义?

既然人终有一死,那活着有什么意义?

醒醒。

醒醒。

格 1:
哇!

格 2:
这是哪里?
花田。
我刚刚睡着了?

格 3:
景色这么好,我们散散步吧。

格 4:
我想起来了,我刚刚掉进了人生意义的深渊。
那是怎么回事?

— 我发现活着总是很痛苦，即使有片刻的快乐，也转瞬即逝。

— 如果人生只是面对无尽的困难和挑战，直到死亡，那活着有什么意义呢？

— 你看那只鸟，它可能只能活几年，活着的时候一直在奔波，还充满危险，它活着的意义在哪儿呢？

— 人和鸟不一样，人会思考，才在乎意义，鸟只要按本能生存就行了，它的鸟生有没有意义对它不重要！

— 这就是生活和活着的不同！

不过等一下,从另一个角度来看,平凡人忙忙碌碌一生,就模式来讲,好像和鸟也没什么区别……

出生,劳动,养育子女,然后死去……

这样理解,人和鸟的生命都没有意义。

也就是说,意义只是思考的副产品。

如果不思考,就不用在乎意义。

所以世界的本质是无意义的,人生也没有意义。

既然没意义,那人生还有什么可追求的呢?

内心云动摇

是个好问题，如果没有意义，人生会怎样呢？

那一切追求都不重要了，钱也不重要了。
没有动力，唯有等待死亡。

也许如此。人们追求意义，或许只是因为没有意义会让人感到茫然。我们需要一个明确的，可以为之努力的目标来指引生活的方向。
就像路标一样？

要向这边走吗?

就像路标一样。因为世界的运作很复杂,当人类面对复杂的世界时,需要一个框架,用来寻求规律和解释,减轻焦虑。

所以意义只是一个让我们安心生活的工具,意义本身并没有意义,但追求意义是有意义的。

对鸟来说,遵循本能也是种指引,这就是它的意义。

听上去好像绕口令一样。

那什么样的意义是有意义的呢?

我不知道呀。

居然说不知道……

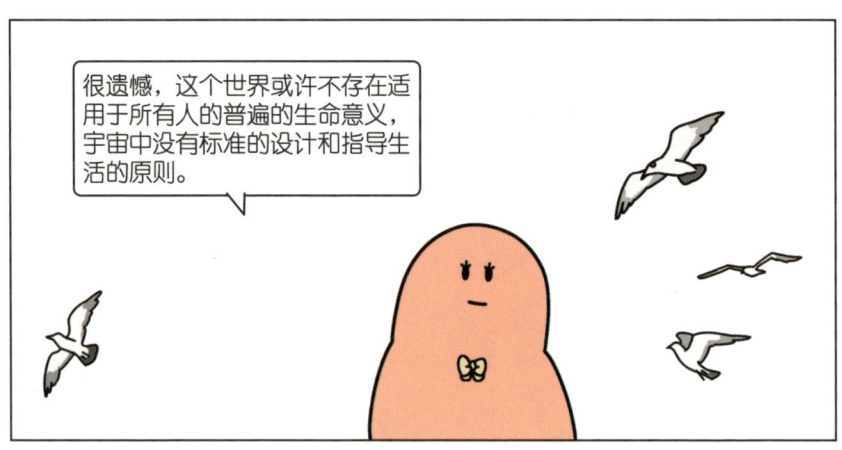

很遗憾，这个世界或许不存在适用于所有人的普遍的生命意义，宇宙中没有标准的设计和指导生活的原则。

如果你不幸成为一只能思考的鸟，你会做什么？

嗯……好不容易能飞了，就能飞多远飞多远，四处游荡一下吧。

四处游荡可能会面临更大的风险和困难。

管不了那么多吧，作为一只鸟，能实现的理想有限。

那成为一只自由的鸟，你的鸟生是否更有意义？

如果我成为鸟，自由就是最重要的！

……我好像有点明白了。

这个世界上没有标准的人生意义，所有的意义都是自己创造的，包含在我的生活中，是独属于我自己的方向，我走在这个方向上，我的人生就有了意义。

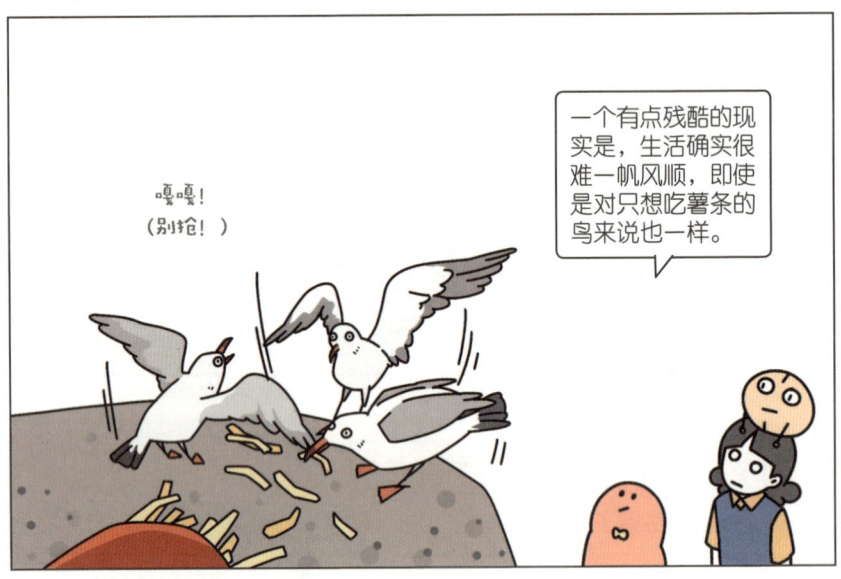

但如果我给自己的人生赋予了一个意义，为了追寻这个意义，只能不断面对挑战吗？万一我永远达不到目标呢？

你怎么又绕回来了！

嘎嘎！
（别抢！）

一个有点残酷的现实是，生活确实很难一帆风顺，即使是对只想吃薯条的鸟来说也一样。

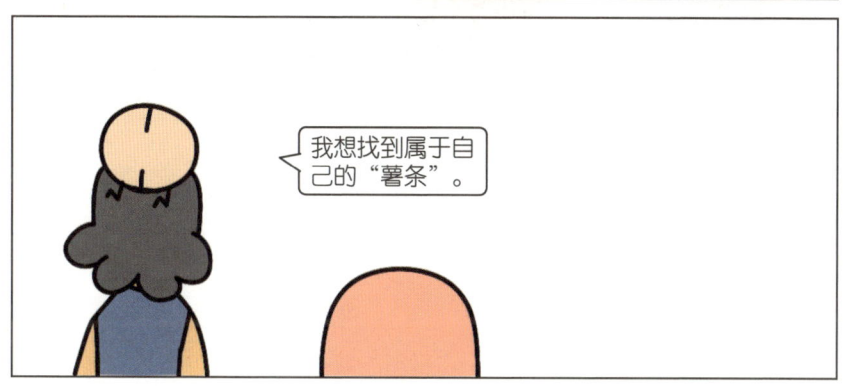

但能不能得到薯条也许不该作为衡量鸟生是否成功的标准,我想它对鸟的意义在于——活在每一个可以寻找快乐的当下。那才是薯条存在的意义。

我想找到属于自己的"薯条"。

真正的救赎,并不是厮杀后的胜利,而是能在苦难之中,找到生的力量和心的安宁。

——阿尔贝·加缪

啊？

60分人生或许更广阔

一想到我的人生会有一万种可能性，我就精神百倍

假期最后一天。

嗖嗖

早安。

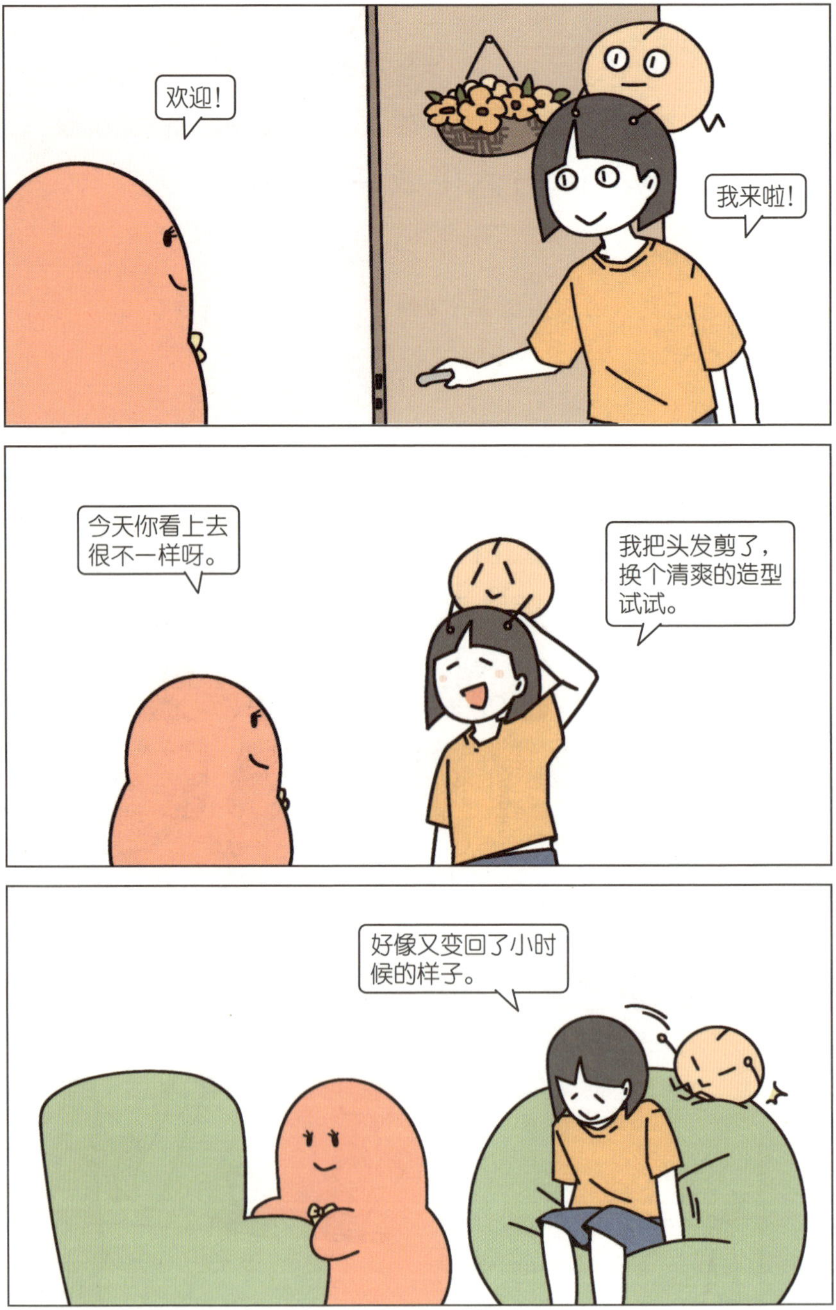
欢迎！
我来啦！
今天你看上去很不一样呀。
我把头发剪了，换个清爽的造型试试。
好像又变回了小时候的样子。

你看上去状态不错，
最近怎么样？
嘿嘿……

我不打算辞职了。
惊不惊喜，
意不意外？

……我想了很多，也思考了这份工作对我的意义，虽然在某些方面它不够理想，但不得不承认它也并非一无是处，比如它有我非常重视的稳定感，而我是个有点缺乏安全感的人，所以这对我很重要。
只把它视作束缚就太片面了。

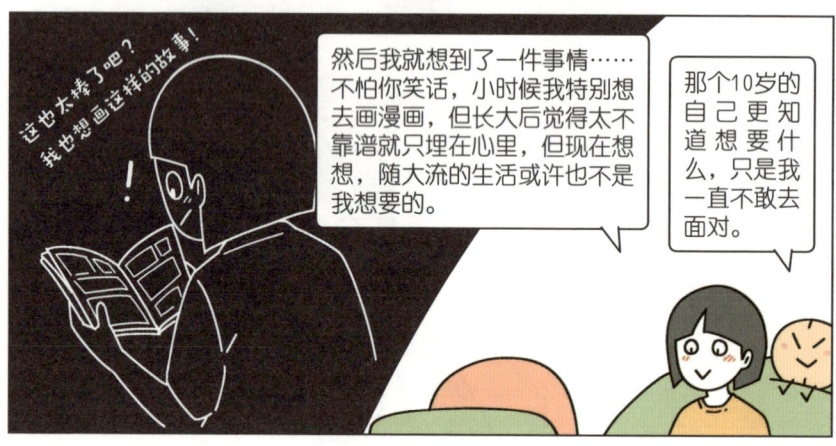

> 你结合自己的情况，换了一个角度来看待问题，发现了它的优势。

> 是的，正因为有了这份稳定感，我才能腾出精力去思考自己的事情。

> 如果生计出了问题，更无暇顾及自我了。

> 过去我感到痛苦的原因之一是，我总将认同寄托在他人的评价上，从生活到工作，我的力量总是来源于他人，所以才会有"我为别人活着"的感觉。

> 我应该去找找有什么事是真正为了自己，能给自己提供力量和支持的。

> 这也太棒了吧？我也想画这样的故事！

> 然后我就想到了一件事情……不怕你笑话，小时候我特别想去画漫画，但长大后觉得太不靠谱就只埋在心里，但现在想想，随大流的生活或许也不是我想要的。

> 那个10岁的自己更知道想要什么，只是我一直不敢去面对。

所以这次我打算相信自己一次,认认真真面对自己。我想力所能及地去尝试,比如先用工作之外的空闲时间。光是"去做想做的事情"本身,就很让人期待!

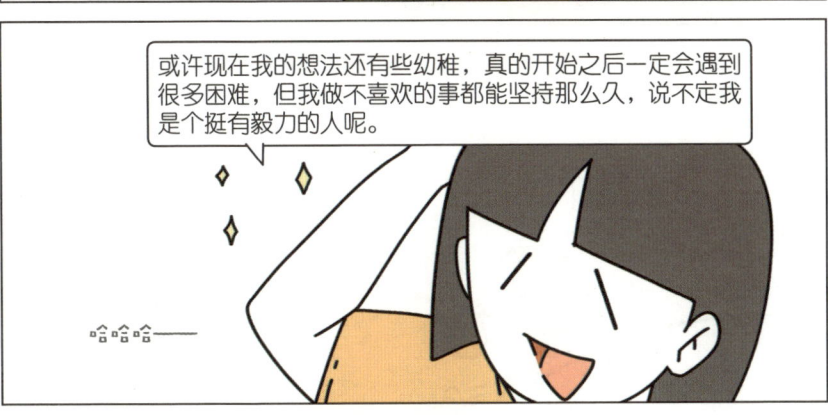

听上去是不是很热血!

或许现在我的想法还有些幼稚,真的开始之后一定会遇到很多困难,但我做不喜欢的事都能坚持那么久,说不定我是个挺有毅力的人呢。

哈哈哈——

你在说这番话的时候,我感觉你的神态都不一样了,就像漫画故事的主角一样,我相信这是你倾注了勇气的决定。

也许这就是我的"薯条"。

因为有了梦想，我也思考了一些关于“自己”的事情。过去我一直执着于“变好”，觉得这是唯一能够摆脱困扰的方法，我来做咨询，就是想让你把我“修理”好，但这么久过去了，我发现我还是我。
并不是骂你的意思哦。
但是我现在不这么看了，困难永远有，我也永远有问题，我不想再等到一切都准备妥当，才上路。
冲啊！
我追寻“薯条”的心情是如此急切，等不及做好“旅行”的准备了。
所以这次我想换一种方式，试着带着问题走下去，也许未来我能变好，也许不能，也许不变也不碍事……也许过段时间问题不再是问题了。未来充满未知，即使有些事我一辈子都想不通也无妨，反正生活总在继续，不是吗？
一只鸟想不通但不妨碍它吃薯条就行。

我这种想法是不是有点破罐破摔?你帮助我那么久,我却没什么进步,反而想"摆烂"了。

不,我觉得恰恰相反。

过去你执着于想要改变,反而会因为无法改变而心怀不甘,感到更多失落与挫败,阻碍了行动。当你能接纳自己,专注于当下时,反而改变就在悄悄进行了。

唯一不变的事情就是事情永远在变化

我变了吗?倒是允许自己做自己后释怀了很多,况且我现在有更重要的事情,具体的问题就遇到再说吧。

遇到问题时我们再来找你。

嗯。

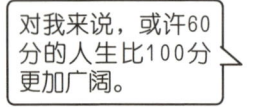

对我来说,或许60分的人生比100分更加广阔。

虽然你没把我"修好",却让我有了行动力量,这对我更重要。谢谢你一直以来的关照。

下次见。

那我走了。

在更广阔的天地里,希望你能自在地飞翔。

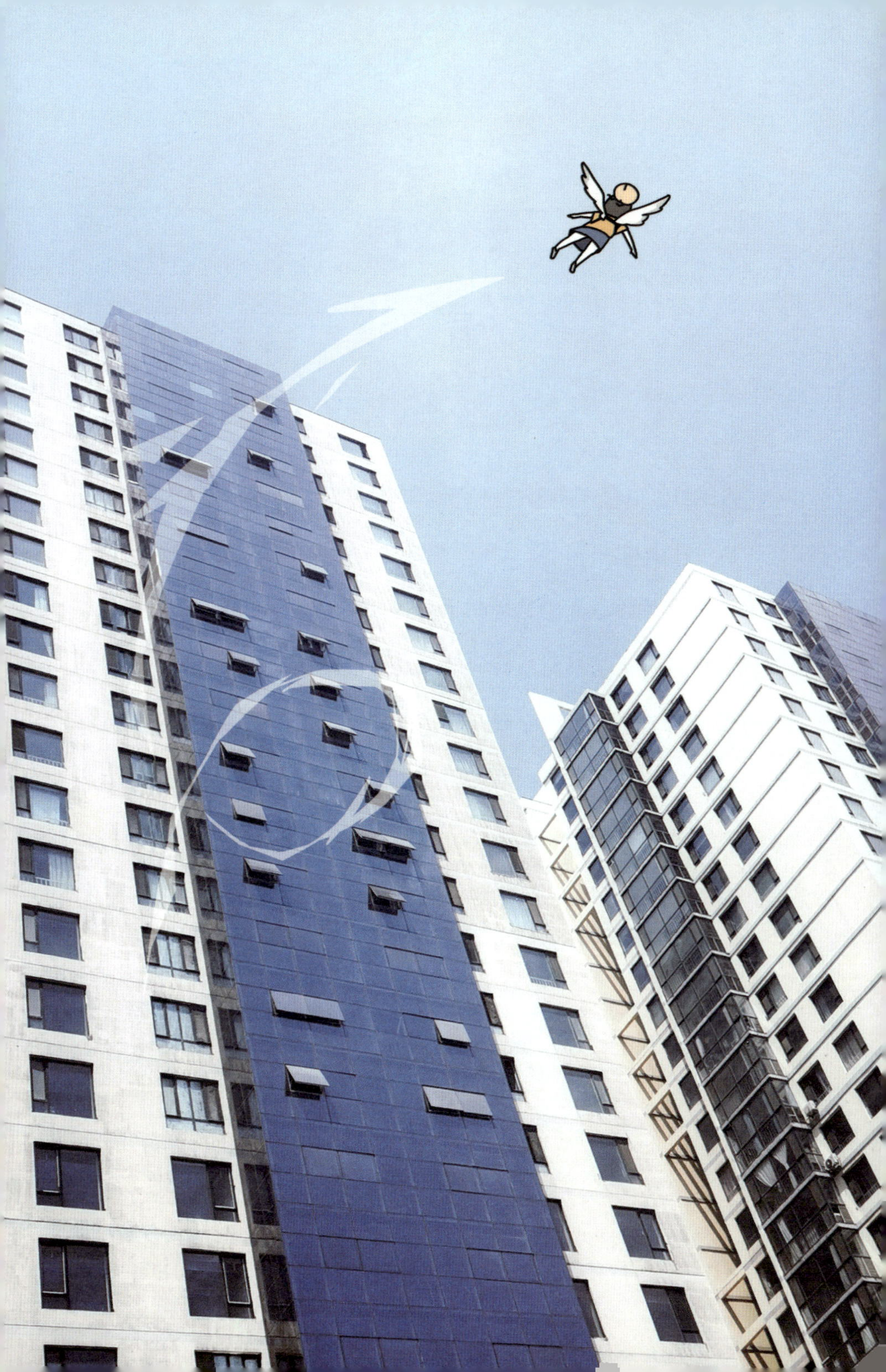

后 记

大家好。我是毛毛毛，非常感谢您能阅读到这里！

画心理咨询漫画，是我刚刚开始心理咨询后不久的事情。有时我会有一种奇妙的感受，觉得脑子和我"分了家"，经常会产生"道理都明白，就是做不到"的问题，疑惑于到底是什么原因阻碍了我的行动。此外，我对这个社会也多少有点适应不良（从漫画中应该看得出来，笑），我经常困扰到底怎么做，才能在自己和世界间取得平衡。

这些困惑和不适是我去做心理咨询的原因。

在咨询中，我逐渐了解到自己真实的想法和感受，不仅仅是"明白道理"的那一部分，也包括不那么积极、感到无助和困惑的部分。随着咨询的深入，我了解到我的感受、我的体验和经历造就了我的思维模式和行动方式，我并不是平白无故变成现在的我，我的喜怒哀乐，一切都是有根源的，我所要寻找的，也并非某种"正确"的行为准则，而是找到隐藏在重重思维迷宫下的"真实自我"。而咨询师所做的，就是引导着我，和我一起在迷宫中寻找蛛丝马迹，并鼓励我用自己的方法找到属于自己的道路，走出迷宫。

这是我对心理咨询的感受，也是我从中得到的最大帮助。

最后，感谢"简单心理"平台提供的帮助，感谢编辑不辞辛劳地给予我专业的建议，让我有机会以更专业的态度分享自己的经历，也感谢图书编辑让漫画得以成书。

这本漫画来源于我个人的咨询经历，是我对自我的理解和感悟，所以这并不是一份心理学专业层面上的答案。但如果我的分享能让同样在"内心迷宫"中探索自我的朋友们感到不孤单，那么，很高兴我们能彼此相伴。

毛毛毛

2023年夏

版权所有·侵权必究

图书在版编目（CIP）数据

我、脑子和粉红色的咨询师 / 毛毛毛著. -- 北京：中国妇女出版社，2023.9
ISBN 978-7-5127-2227-9

Ⅰ.①我… Ⅱ.①毛… Ⅲ.①心理咨询－通俗读物 Ⅳ.①B849.1-49

中国版本图书馆CIP数据核字（2022）第253172号

责任编辑：	应 莹　王琇瑾
文字编辑：	李一之
封面设计：	主语设计
责任印制：	李志国

出版发行：	中国妇女出版社
地　　址：	北京市东城区史家胡同甲24号　邮政编码：100010
电　　话：	（010）65133160（发行部）　65133161（邮购）
网　　址：	www.womenbooks.cn
邮　　箱：	zgfncbs@womenbooks.cn
法律顾问：	北京市道可特律师事务所
经　　销：	各地新华书店
印　　刷：	嘉业印刷（天津）有限公司

开　　本：	145mm×210mm　1/32
印　　张：	9
字　　数：	100千字
版　　次：	2023年9月第1版　2023年9月第1次印刷
定　　价：	59.80元

如有印装错误，请与发行部联系